THE MAKING OF A

MENTALLY STRONG GIRL

STUDYING ABROAD ALONE

留学十年 成就自我

离开爸妈更强大

王淼 著

THE
MAKING
OF A MENTALLY STRONG
GIRL: STUDYING
ABROAD ALONE

致我的父母、

我还没学会读中文的丈夫

和我还没开始学读中文

的孩子们

THE MAKING OF A
MENTALLY STRONG
GIRL: STUDYING
ABROAD ALONE

离开爸妈更强大

留学十年成就自我

THE MAKING OF A MENTALLY STRONG GIRL: STUDYING ABROAD ALONE

王淼

小名苗苗，1989 年生于北京，17 岁到荷兰留学。在荷兰十年，从土生土长的北京土著，变成每天午饭吃面包的荷兰人。

从一个小姑娘，到为人妻，为人母。工作时间是软件工程师，用编程语言写程序。

朝九晚五以外，喜欢用文字记录每天的生活感悟。

留学十年成就自我

2017年10月14日

【十年剧场】

转个弯，

继续走

深。秋。

Ridder Bier
留学十年成就自我

2009年1月2日 苗苗回荷兰上学，
爸爸到机场给女儿送行

留学十年成就自我

THE MAKING OF A MENTALLY STRONG GIRL: STUDYING ABROAD ALONE THE MAKING OF A MENTALLY STRONG GIRL: STUDYING ABROAD ALONE

2011
年
11月24日

牙哥来北京，在天坛

2012
年
11月9日

牙哥和苗苗的婚礼上，俩人在市政厅工作人员的引导下签署相关文件

牙哥和苗苗的婚礼上，希泉爸爸把女儿亲手交给牙哥

牙哥和苗苗的婚礼上，两家父母

2013年6月14日

米儿满月，在荷兰的家中

2014年12月31日

八个月大的米儿和
妈妈在西班牙度假

2012年7月31日

【十年剧场】转个弯，继续走——我大学毕业那一天

2017年7月16日

【荷乡朝夕】超级居委会一部分成员在唠嗑

2007年10月14日

【十年剧场】转个弯，继续走，深秋

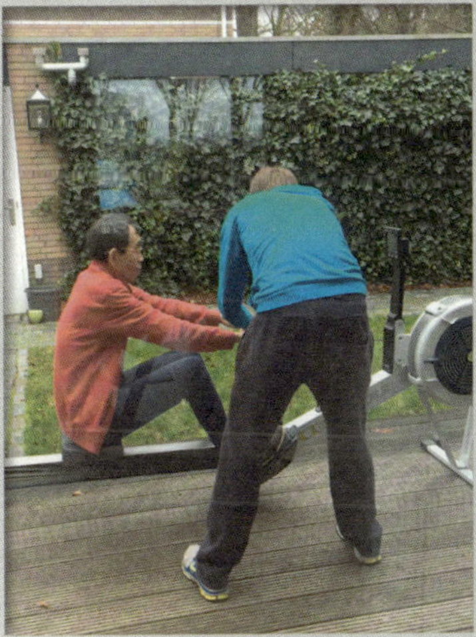

2017年2月26日

牙哥在辅导淼淼爸爸用他的健身器材

牙哥的健身器材

2017年3月27日

有了妹妹的米儿还是很娇人，米儿一家在西班牙度假

2017年5月3日

三岁生日时的米儿

小桥流水，水里鸭子多

复活节鸡蛋

2011
年
8月9日

小程，小程：我在巴黎

2011
年
8月9日

小程，小程：我在巴黎

2012年7月31日

转个弯，继续走——我的大学毕业典礼

小程，小程：我在巴黎

米儿和爷爷在树林里
爷爷教米儿认识树叶

2017
年
7月23日
街。景。

留学十年成就自我

米儿第一次看到 Fiona 妹妹

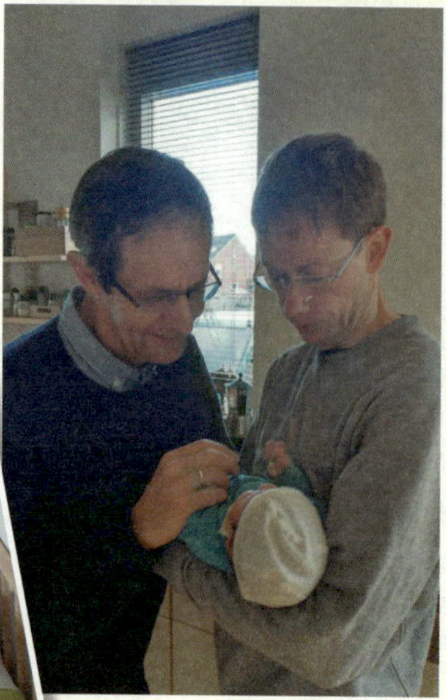

牙哥和他爸爸在看刚刚出生的 Fiona 妹妹

树林里走一圈鞋子脏了，米儿自己刷刷

2017年7月23日

院子里的粉笔画，米儿的大作

米儿万圣节幼儿园装扮，不让擦舍不得直哭

2017
年
6月26日

米儿和爸爸手牵手在树林里，
爸爸身上的婴儿背带里装着 fifi

2016年
6月26日

米儿和爸爸在眺望大海，西班牙度假

留学七年成就自
2016
年
10月23日
米儿喜欢下雨

米儿和爸爸种小香葱

三岁生日的米儿，粉红色的帽子是在幼儿园和小朋友一起做的

好吃的冰激凌店

农场大哥家的猪

冰激凌店的大叔

2017
7月23日
我家旁边的树林景色

2017
年
3月27日

西班牙度假，墙缝蜥蜴，
米儿以为是鳄鱼

2016年7月14日

米儿：美丽的小公主

牙哥姥姥的柜子。姥姥去世后，我们继承了这柜子。几十年以后，我们又会把它再传给我们的孩子

2017年2月3日

米儿和姥爷堆雪人

2017
年
10月23日

我骑着大筐自行车

留学十年成就自我

BABBOE City
www.babboe.com

序

THE
MAKING
OF A MENTALLY STRONG
GIRL: STUDYING ABROAD
ALONE

女儿到荷兰上大学

这本书的作者，是我女儿。

女儿差一个月不到 18 岁，要去荷兰留学，我和她妈妈送到机场。她高高兴兴往里走，我和她妈妈被工作人员拦下。她离开我们的视线，没回头。我们把脖子伸到最长往里看，徒劳。她妈妈说了一句，这丫头不回来了。

她妈说，有人跟她说，这个时候孩子回不回头，基本标志着孩子是永远远走他乡，还是学成之后再回来。

十年过去了，此话成真。

我讨厌那个跟她说这句话的人，不管这个人是谁。

哪个父母不愿意儿女在身边，何况我们只有一个孩子。

她只身一人到了荷兰，当时留学中介说，有人接机，有人帮助安排。我和她妈妈之前没有任何出国的经历，身边也鲜见送孩子出去读大学的，尽管心里明白一切都不会一帆风顺，但也没想到，她最初是那么的艰难。看了她的这本书，才知道。

如果一切能重新来过，她妈妈一定会陪她出去，尽管可能还是帮不上什么忙，但妈妈在身边和只身一人且离家两万里绝对不一样，最起码哭的时候，可以躲在妈妈怀里。

时间在往前走，一切不可能重新来过。

好在女儿足够坚强。她的毅力、智慧，还有朋友们，帮助她战胜了困难。

我不知道她荷兰毕业的那个学校叫什么名字，学业到底有多成功，因为我不擅长说不知道的东西，但我知道，当初她和她妈妈视频的时候，说要凭自己的努力，凭工作实绩获得荷兰的永居，而不是因为婚姻。因此，在她生下孩子才 20 天的时候，我和她妈妈抱着我们的外孙女米儿，到位于阿姆斯特丹的一家咖啡店里等她，她去参加一整天的荷兰语最高等级考试，咖啡店与考场相邻。午间休息的时候，她出来给米儿喂奶。我还知道，她在家的时候，从没动手做过饭，然而现在，她会做很多中国饭，饺子也会包了。我的宝贝米儿最喜欢的饭就是吃妈妈做的虾仁菠菜馅儿儿饺子。如今，我的二米儿也会爬了，还会假装咳嗽求关爱，等到二米儿三岁多的时候，会点什么吃呢？她妈妈准备好了么？

说到这儿，还得说说女婿。

外国人金发碧眼，女婿是外国人，不能例外，外国人取名字都是字母一串串，他还是不能例外，于是乎取其中一串，就叫他优一。他在北京的生活，我写过一个小纪实，就在书中。他们结婚时，我把女儿交到他手上那一刻，相信他看到了我眼眶里噙着的泪，我交给他的，比我的生命还要珍贵。这几年来，虽然见面不多，但我相信，优一爱他的妻子，他现在能听懂一些北京话，能简单与我们交流。我们从阿姆斯特丹回北京，他们到机场送行，告别的一刻，女儿面涩，他把她搂在怀里，从这些，就可以感觉到。

我爱我的女儿，优一也爱他的两个女儿。不过他有点粗心，据我女儿报告：前几天，他骑自行车带着米儿出去玩儿，玩儿的场地里不能穿鞋。该回家了，他们收拾一下就走，到家发现，丢了一只鞋。

当然，谁都丢过东西。只是米儿有一阵儿的不高兴。

谁又能没点不高兴的事儿呢。

比如，女儿上小学时，老师说她作文写得不好，她不高兴，我一看，她写的真不是作文，是一篇好文章，内容我忘记了，但引用的名言记住了：送人玫瑰，手有余香。我告诉她，就这么写，不必在意老师打分。她的数学也不太妙，她妈妈去请教老师。老师说："你家孩子上高中以后肯定没问题"。这话她妈信了，数学老师是当时全国华罗庚数学竞赛的评委。但她妈妈还是很担心，直到上高中，才算放心。

上高二时，各科作业太多，她不想写英语作业了，怎么办呢？当时她的雅思成绩已经公布，平均 7.5，我给她的英语老师写个小请示，大概说她肯定会，所以不写英语作业了。女儿回家就笑："老师说你爸怎么这样啊？！"。

她爸就这样。而且在家里很甩手掌柜的。她妈妈很辛苦也爱张罗。说一件小学的事儿：当妈的骑着自行车带女儿上学，早晨 6 点多，从北四环外到二环内上学，晚上再回。冬天，零下，脚冷，女儿冻得直哭。就这样，数年坚持。

女儿也有点小牛气，高中二年级时，得老师恩助，读完高中全部课程，提前参加会考，顺利通过，拿到高中毕业证书。同时到香港参加了美国高中 SAT1、SAT2 的考试，成绩不记得，只记得她到了荷兰后，美国的西北大学还在给她发邮件，谈上学的事。她报考了托福，后因留学方向转到欧洲，改考雅思，只参加了一期口语小培训，便也是高分，照片曾被培训学校挂在光荣榜内。她的同学还在上高三，她已经飞到荷兰，开始上大学了。

写了以上这么多，有点乱，之所以写这个序，是因为编辑老师命题，我的命题作文很差，女儿得父亲真传，一脉相承，没办法。

这可以当作此书的序么？

算是软广吧。

这本书，是女儿在荷兰十年留学生活的一个小结，对那些想送孩子出国学习的家庭，可能会有些许参考价值，是为序。

王希泉

2017 年 9 月 1 日

目录

第二篇 / 181

荷兰生活 / 182

第一篇

THE
MAKING
OF A MENTALLY STRONG
GIRL: STUDYING ABROAD
ALONE

留学荷兰

1. 来荷兰，是为了留学

从我第一次踏上荷兰王国的土地到现在，已经整整十年了。荷兰司法部和移民局经过慎重的审核，接受了我的入籍申请，我通过归化的方式（归化，是指某个人在出生国籍以外自愿、主动取得其他国家国籍的行为。——百度百科）加入荷兰国籍，正式成为荷兰王国公民。

这十年里，经常有人问我，你为什么要来荷兰？又或者你为什么要离开北京？我总会回答，我到荷兰来，是为了留学。

十年前出国其实已不算太新鲜，只不过绝大多数人是在国内完成本科教育，然后在硕士或者博士期间留学。这其实也是我当时的打算。我一开始给自己设计的留学线路，可以被称作是一条经典线路：先在国内考一个不错的大学，大学期间好好学习拿一个高点的GPA，再考托福和GRE。22岁时在国内大学毕业，再出国读一个硕士，毕业之后工作一两年再回北京，到时候我应该是26岁左右，正好再找个老公。我为自己规划出这条线路的时候是 16 岁，正在上高一，距离我想象中出国的时间还有 6 年，所以留学这事情看起来还很遥远，还远不需要被提上议事日程。

我高中读的是北京二中，是北京老字号的重点中学，而且还是文科实验班，学习成绩还算不错，不惭愧地说想考个靠谱儿的大学应该不成问题。这条经典路线的第一站，如果不受外界太大影响的话，以我当时的条件，是完全可以达到的。事情的发展当然就像你猜的那样，当然是和我所预想的完全不一样了。这条经典路线，我连第一站都没有达到，因为半路上杀出来了个“程咬金”。

“程咬金”是我的数学老师，也是我的班主任。我这位“程咬金”老师姓邱，我们班里的同学总私下里喊她阿秋。阿秋老师是会发光的。很抱歉，我不太知道除了用发光这个形容词，还可以怎样形容她。因为她真的很引人注目，无论她身着怎样普通的装束，在人群里，目光总是会被她吸引住。我还记得，是我娘开完家长会回到家里，突然非常郑重地和我长谈了一次，问我究竟对留学的事情是怎样想的。

很多年以后我娘与我谈起此事，我才知道，她当时去开家长会，偶然与阿秋谈起留学一事，阿秋非常认真地告诉我娘，如果我真的想要出国留学，不一定非得要等国内大学毕业以后。我们都在国内上过学，国内的高中环境有多么紧张，大家心里都有数。**高中毕业进入环境相对宽松的大学，摆脱思想上的压制束缚之后，我们会迎来一个人生观、价值观迅速重塑的阶段。大学四年下来，一个人的**

人生观和价值观基本上已经塑造完成了。这个时候再出国留学，在三观上可能会受到比较大的冲击，对于一个20岁出头的年轻人来说，可能不会太好受。如果留学结束之后回国那倒还好，但是如果之后会在国外定居下来，这种不太舒服的滋味可能会成为长期的困扰。与其如此，还不如在高中毕业，18岁左右的时候就出国。

阿秋说服了我娘，她的观点，在我娘这里得到了极大的认同。我的留学进程，一下子就提速了好几年。参加考试，准备材料，递交申请，办理签证和手续，我个人觉得是比较烦琐而且枯燥的工作。我当时是寻求了专业留学中介机构的帮助，当然也可以完全自己完成。以目前留学市场高度发达的状况来看，除了在选择中介的时候记得选一家正规机构的，或是准备资料时一定要细心全面之外，我并没有更多的建议。

留学的时间确定下来了，去哪里留学就是我们下一个需要解决的问题。当时我报名参加了出国考试培训，还专门到香港参加了SAT考试。开始做准备的时候，我的留学目标非常朦胧，尽管我在准备美国大学要求的入学考试，心里对此却有一点小小的排斥感。我当时并没有勇气完全放弃国内的高考，所以想既在学校里拼中国高中的学习成绩，又试图在一场标准和模式都与国内完全不同的选拔中脱颖而出，我感觉压力太大。另一方面，美国留学的竞争相当激烈，国内的高中生想要申请到好的学校，还想要申请到奖学金，是件很困难的事情。同时美元兑人民币的汇率那时候还在1:8左右，如果没有奖学金，四年本科所需的费用相当可观。这一部分排斥感是出于理性考虑的。另外一个原因是，一周七天，其中六天的国际新闻里，美国都在唱主角，我觉得有点闹腾。——这当然是主观而非理性的。

我们一家三口在参加了几次留学教育展，并到留学中介做了数次咨询之后，把目光锁定在了荷兰。**我选择荷兰，理由很充分。荷兰是老牌欧洲强国，经济富裕，社会高度稳定，治安良好，可以称得上是适宜居住的国家。荷兰地理面积有限，自然资源上并不丰富，人口不足两千万，作为一个西欧的弹丸小国，却拥有众多国际知名企业，科技、能源有飞利浦、壳牌，日常生活有联合利华和喜力啤酒，甚至还有 G-START 和 Suitsupply 这种混时尚圈的，这些强大企业的背后，一定需要有雄厚的教育实力作为支持，才能源源不断地为其提供足够的人才。荷兰的官方语言是荷兰语，但是很多大学都开设英语授课的专业，且费用合理，这在我看来，很大程度上体现了荷兰的思贤若渴。**

在我准备来荷兰之前，有位长辈主动与我爹娘长谈了一次。这位长辈苦口婆心地劝说我们，不要让我这么早一个人出国留学，退一万步讲，就算我一门心思铁了心的要出国，也千万不能到荷兰这种地方来。荷兰人又吸毒又赌博，而且还可以卖淫嫖娼，这是一个到处充斥着人间罪恶的地方，实在是太可怕了。这就像围观群众眼里的宁国府，除了两个石狮子干净，连猫儿狗儿都脏。我一个年纪轻轻的女孩子，到了这么个地方，肯定是要学坏的。她老人家身为长辈，决不能坐视不理，眼睁睁地就看着我爹娘这一对糊涂蛋，把亲生女儿往火坑里推。我们对这位长辈是感谢的，人家是真心实意地为我好，不然何苦冒着得罪人的风险苦口婆心地来劝我们。我爹娘的反应着实把这位长辈吓得不轻。尤其是我娘，自信得简直不像话。她坚决认为，她的女儿在任何情况下都不会学坏，在她眼里我简直就是出淤泥而不染的一朵白莲花，她放心。我娘查过不少关于荷兰的资料，也咨询过在荷兰有留学和生活经历的人，这些人都告诉她，所谓“荷兰毒品、赌博、性交易肆无忌惮”，根本只是以讹传讹。这是一个社会秩序井然、治安良好的国度，否则我娘也真没有那个胆子。如果真是那样的话，那么我娘的自信也就不能称其为自信了，那叫脑残。

2007 年的夏天，我高中毕业，到荷兰来留学。在到达荷兰以前，我和我父母通过我们所搜集到的信息，对这个国家有一个非常美好的最初印象。我当时并不知道，也不可能知道，我想象中的荷兰并不真实，真实的荷兰是多面的，是立体的，是一个既能令我跌破眼镜，又能让我尽情享受人生的地方。

2. 留学之前的心理准备

在我出国留学之前，我和我的父母其实只做了客观条件上的准备，比如我阅读一些介绍荷兰风俗人情的书籍，我的父母对家中的经济进行了合理的安排。但是除此以外，更加重要的，是要做好心理上的准备。我在出国之前根本没有想到这些，即使我真的想到了，我也不知道该怎样去做。不过如果要我给十年前的自己一些忠告的话，我想我会告诉自己，你是个大人了，你不是小孩子了。

我们活在一个人人装嫩的时代。就连电视上年过而立，已婚已育的女明星都拼了命的假装少女。我们都不想长大，都想假装自己还是小孩子。小孩子的生活要简单得多了，说话不用过脑子，办事不用负责任，可以随心所欲，吃喝玩乐，快活自在。如果条件允许，我也想过这样的日子，直到天荒地老海枯石烂。不过很可惜，从留学生活的第一天开始，你就必须强迫自己长大，要用成年人的方式处理事情，要为自己的所作所为负责任，甚至要为自己犯下的错误付出代价。这听起来很残忍，很难接受，但是很抱歉，这就是事实。

我给你讲个故事吧。有一年我住的宿舍楼里，搬来了一个中国姑娘。这姑娘很活泼，年岁与我相仿，也是家中的独生女儿。有个学期快要结束的时候，她遇到了麻烦。我们所住的学生宿舍楼离学校的距离不算远，可也不近，骑车也要个一刻钟，走路过去就有些困难了。她的自行车不偏不倚，正巧在有一天早上她需要做演讲的时候，半路坏掉，她因此错过了时间。这门课是小组工作，每周都要写报告，还要做演讲，最后才能拿到学分。这门课的老师以她没有参加演讲为由，只给了她同组同学成绩，而让她挂掉了这门课。

听到这个消息的时候，我着实是替这姑娘不平的。这门课占的学分很多，需要付出的努力也很多，这姑娘每周都保质保量地完成了报告，仅仅因为她缺席了最后的演讲，就让她挂掉这门课，确实有些过分，更何况她的缺席是有理由的。这种情况下，姑娘觉得自己受了委屈，受到了不公平的待遇，也是很应该的。

学校设有独立的考试委员会，就是为了在学生和老师之间发生矛盾冲突时，可以独立公平地做出裁决。比较常见的情况，是受到不公正待遇的学生提出申诉，由考试委员会出面进行调查，并为其主持公道。不过很可惜，这姑娘脾气急了些，她还没来得及向考试委员会提出申诉，就先迫不及待地写了一封邮件给那位老师。我们在她断断续续的哭诉中，得知她实在太气愤，在指责这位老师对她的不公之余，顺便在邮件里面问候了这位老师的祖宗十八代。收到邮件的老师认为受到了羞辱，他立即进行反击，向校方提出申诉要求，证据就是她一时冲动写下的邮件。我想如果换作是我，收到这样一封充满侮辱性言辞的邮件，我也会感到愤怒，并且对发件人产生由衷的厌恶。那个学期还没有结束，姑娘就搬走了。听说她草草退学，回国了。

此后我每每想起她，都十分感慨。我完全不认为那位老师是个不宽容的人，他的反应是正常人的反应，他的方式是成年人的方式。而与他形成鲜明对比的，是那位姑娘，她对事情的反应虽然是正常人的反应，而她处理事情的方式方法，却实在不像个成年人。我仔细想过，在当时的情况下，我个人认为最好的方式，是向考试委员会寻求帮助，为自己争取机会拿到这门课的学分，既大方得体又解气。退而求其次的方式，就窝囊一些忍下这口气，这门课明年就要再重修一次，浪费一点时间和精力而已。要是忍不住气，大家聊天八卦的时候讲一讲这老师怎样不通人情，甚至是背地里骂他几句也可以，毕竟打嘴炮是全世界人民共同的爱好。不过姑娘却选择了最糟糕的方式，不仅没有解决问题，反而引起更大的麻烦。

我记得她当时已经二十多岁了，虽然年轻，但是已经绝对不能被称作是个孩子了。不过她那完全不考虑后果，以为完全不需要负任何责任的办事方式，确实比一个三岁的孩子高明不了多少。

3. 初来乍到

我提笔写这些故事的时候，是我到荷兰第八年的那天。我记得那年夏天坐在机舱里，听着机长广播，飞机即将从北京国际机场起飞，飞行时间 10 小时，到达荷兰阿姆斯特丹。我对自己说，爷们儿一点，走一个。我当时想，等我到了荷兰，八年以后，我得好好总结一下。

2007 年夏天，我还不到 18 岁，稀里糊涂地把高中学历证书弄到手了，雅思考得还很高，特别兴奋地出了国准备上大学。还没到大学，连宿舍都还没到呢，我就傻眼了。记得我那天飞机延误了一个多钟头，到阿姆（留学生都称阿姆斯特丹为阿姆）机场已经晚上 10 点多了。来接我的是个金发碧眼的帅哥，比我高两个脑袋，他都已经等得快翻脸了。好不容易等到我，一看表，我 ×，还有几分钟末班车了，赶不上的话我们俩得在阿姆机场忍一宿，等第二天早上的火车。我坐了一天飞机，完全瘫了都，小伙子也很无语，基本就是把我连人带行李给扔进火车的。坐上火车小伙的心情就好点了，开始不停地说话。不知道是我累了一天脑子不顶用了还是他发音有问题，因为我发现我根本听不懂他在讲个毛线。我当时其实觉得自己很牛，姐姐我考过两场雅思，听力都是满分，我觉得我不可能听不懂。好吧，我基本都是靠肢体语言跟他交流的，他把我扔上火车又扔下火车，扔上公共汽车又扔下公共汽车，然后把我扔在一栋又黑又高像鬼楼一样的建筑物门前，说“到了”。然后他就走了。

当时是夜里两点半，我跟这小伙子相处了四个小时，就听懂了这最后一句。呵呵，他说的是“Here”，那是八月，荷兰的夜里已经很冷了，风还很狂，我站在那个鬼楼门口，差点当场就转身往回走，准备老老实实地回北京复读高考。我当时连在北京上完大学以后的生活都给规划出来了，比如我打算上个师范，出来当不了高中老师就去初中，再不行小学，总比受这个罪强。鬼迷心窍，我觉得我要出国就是鬼迷心窍。还不到 24 个小时，我就投降了。说真的，如果没人来给我开门，我肯定就当天夜里哭一宿，然后第二天想办法回机场，一张机票滚回北京。嘿嘿，那我现在还不一定在干啥呢。

行吧，还真不错，可能是路上就打好招呼了，我没露宿街头，有个长得很瘦的荷兰小哥提着我的大行李箱把我领到了我的……宿舍？一间屋，一张床，一张桌，一个椅子，一个必须轻拿轻放否则当场瘫成一堆零件的柜子。然后他拿出一张纸，指着一个角落让我签名。我人都是木的，看都没看就大笔一挥签了。后来听别人说我才知道是租房合同。哼，我当时那状态，你就是让我签卖身契我可能看都不看就给签了。我签完“卖身契”，哦，不对，是租房合同，那哥们儿给了我两把钥匙就走了。

我们那个宿舍就是一个一个的房间，一长条走廊，尽头是浴室厨房卫生间。我在浴室里转了一圈，有点脏，但不是不能忍受，我就决定洗个澡。洗澡就洗坏了，我到现在也不知道具体发生了什么，我就记得我戴着个浴巾在走廊里乱转，结果就有个姐姐从屋里冲出来，都没甩我一眼，冲进浴室把水龙头拧上了，拧完以后我好像跟她说了点啥，还看见她房间里还有个小伙子，他们俩长什么样我都没看见，就记住那姐姐叫常乐（下文称她乐乐）。呵呵，他俩现在儿子都老大了，前一阵还来我家里玩儿，追着米儿给她穿袜子。

4. 凄风苦雨之夜

我大女儿最近在调整睡眠时间，早上明明很困，就是睡不着，哭得挺伤心。女儿大名叫 Amy，跟《生活大爆炸》谢耳朵的女朋友重名，不过我给她起名字的时候真没想到这点。Amy 是个法语名字，意思是爱。我给女儿办了荷兰国籍，因为她随父姓 Franken，我不太能想象这个姓怎么能翻译成中文，很好地出现在她的身份证上。怎么翻译好像都会有点别扭。为了不给使馆的工作人员造成更多的麻烦，我就选了这个比较简单的办法。Amy Franken，这个是她正式的名字。她也有很多中文名，米儿大米米、米米臭臭、小米儿妞妞等等。哪个都没写在她护照上，所以早上你可能会听见我在那喊米儿快来喝奶，下午就是一边给她换尿布一边感慨，你个小米儿臭球球。米儿现在睡着了，我就可以腾出手来更文。这个，我先声明一下，我写的这些虽然大多数都是我的经历，有些地方也确实和现实有所出入，呵呵，你就当看个好玩吧。

这两天荷兰的天气特别不好，今天 12 度，昨天夜里整整下了一宿的雨，还狂风大作。我夜里醒了好几次，老觉得下一阵风吹过，就会把我们的房车给刮翻了。我得时刻保持警惕，一看势头不对就把我闺女给抢救出来，别弄伤着她。呵呵，等风也停了，天也亮了，米儿也要起床喝奶了。

我刚到荷兰那天夜里，也是这么个天气。凄风苦雨，真的就是凄风苦雨。那天晚上乐乐替我解决了我在浴室里弄出的一团糟以后，好像都快三点了。我当时很累，很想睡觉，而且我很想干脆一觉睡他个昏天黑地。但是我躺在床上，马上就发现了一个问题，那个床我睡着特别难受。我从小就没睡过那种窄床，都是睡特别宽的双人大床。而且我有个毛病，睡觉的时候喜欢滚来滚去，不停地拱，所以我很容易从床上掉下去。当时宿舍里提供的床，基本就只够我平躺在上面，四肢不能乱动，不然半个身子悬空了，我躺在上面觉得特别不安全。那个被子也很别扭，里面的被瓤明显是旧的，被套什么虽然都是新的，宜家最便宜的那种，连包装都没拆，可是我很难接受盖着它睡觉。就是觉得……很难受。所以我虽然很累，但是那种莫名其妙的别扭就让我没法入睡。你当然可以说我娇气，我也真的不能否认，因为很多人都这么过来的，国内大学还 N 多个人一个屋呢，一米八几的大小伙子都要睡上铺，现在让我一个人一屋还在那挑三拣四嫌床小，怕掉下来什么的，想想都觉得挺惭愧。后来我搬家的时候，一个朋友发现我居然没有从国内带过一床被子来，特别惊讶，她问我：“你过来的时候到底都带了些什么鬼东西，怎么连被子你都不带？”

我想想啊，我当时好像是睡着了，我自己还觉得睡得很沉。结果一睁眼6点，我想哎哟，有潜质啊，一觉能睡到下午。仔细再一看，我 ×，早上6点。外面天都大亮了，亮得我直晃眼。呵呵，我在北京上中学的时候，就是个迟到大仙，一个星期迟到五天，早上根本起不来，怎么叫都没用。到了荷兰，居然都不用人来一遍遍地叫我起床，累成那样还能早上6点自然醒，我都佩服我自己。我大概收拾了一下，打了几个电话报了报平安什么的，然后就觉得有点无聊，想出去转转。当时学校还在放假，整栋学生公寓里只有我一个人醒着，剩下的要不还没起，要不就是昨晚狂欢过后才刚睡着。整栋楼都很安静，安静到当我从走廊里经过，能听到每一个房间里传出的打鼾声。

早上6点的格罗宁根，很美。雨后初霁，有点像个彻夜流泪的少女，仍然满怀忧愁，却已经不再哭泣，在初秋的第一缕晨光下，带点哀愁的微笑着。那样的晨景，真的很美。之后我每到一个城市，都一定要早起去看一次晨景，我觉得比看夜景有意思得多。

唉，早上6点的北京，我好像都不记得什么样子了，或者我根本就没机会见过。这事儿，好像也有点滑稽。

5. 蓝楼轶事——学会骑自行车

荷兰一年到头都是一会儿阴一会儿晴的，尤其是秋天。我到荷兰的时候，正抓住了夏天的尾巴，碰上了秋天的头发梢。我那年比较幸运，除了头一天到的时候天气比较烂，居然连续一两个星期阳光灿烂，无风无雨，这在荷兰的初秋是很难得的。我住的地方外号叫蓝楼，据说以前是当监狱来设计的，后来不知怎么就变成学生公寓了。这楼有八层，每层 26 个房间，一条长长的走廊穿起来，一边的尽头是浴室卫生间逃生门，另一边的尽头是厨房电梯大门口。我的房间是 6 层 26 号，门牌号 2G26。我这个房间在走廊尽头，挨着浴室这边。我想出门，不能走逃生通道，因为那个门你一推开他就自动拉警报，三分钟之内火警武警救护车什么的就全来了。为了出个门弄得这么兴师动众的，我觉得不太得体。所以我必须要通过那个长长的走廊。

那个走廊，两边都是紧闭的房门，唯一的光源是一盏忽明忽暗的灯，10 瓦都不到，迎面走来个人都看不清楚是谁。我很讨厌一个人那样走，因为我感觉我好像在走一条没有尽头，或者说不知道通向哪里的路。走廊两边的那些紧闭的门，他们都不会向我敞开，我觉得不敞开可能更好，因为我不知道那些门里面是什么。我承认我是从小被惯的，我怕黑，尤其怕那种忽明忽暗的黑。

我一个人在那个走廊里感觉到的，比恐惧复杂太多了。我很茫然，我对过去有很多眷恋，但是我又有那种莫名的，突然获得自由的欣喜，还有很多很多别的我无法言说的东西。最重要的是，我很寂寞。那些，都在后来不久的几个月或是几年中渐渐变淡，只有寂寞，一直和我形影不离。你可能会觉得这很可笑，一个十几岁的小孩子跟你谈什么寂寞。我现在也不过二十五六，谈这个看起来好像也挺没资格的。但是，如果你有机会在你最茂盛的青春年华里，背井离乡，到一个你完全陌生的地方，开始一段你根本看不见未来的生活，我相信你能感受到那种寂寞。

我老公现在正坐在我边上玩手机，我看着他都觉得有点惊讶，我居然能在荷兰坚持这么多年，能坚持到我认识他，真是连我自己都佩服我自己。我觉得我挺懦弱的，我觉得我很希冀那种一成不变的生活，那种我一眼就能看见未来 30 年的生活。我那个时候看不到未来，但是我能看到我后退的人生。我有一条退路，我可以买一张飞机票飞回北京，跑回我的高中去，老老实实地去复读，踏踏实实地考个师范，平平淡淡地当个老师，高高兴兴地找个人嫁了。这种安稳的退路，对我这种没有远大志向的人来说太美好了。而前面，可能有万丈深渊，也可能有繁花似锦，我根本不知道我会遭遇什么，我可能能过上人人艳羡的逍遥日子，也可能会连裤衩都不剩，滚蛋回北京，顺带把自己和爹娘的老脸都给丢尽了。这就是一场人生豪赌，拿我自己仅有一次的青春做赌注。在很长一段时间里，我每天反复思考的事情，其实不是我该怎么下注才能不输得太惨，而是我到底应该怎样找一个冠冕堂皇的理由，让自己走下这个赌桌。就这样，呵呵，我自己都觉得这听起来挺蠢的，但是最初的那段日子，我就是这种状态。现在想起来，都觉得对不起爹娘，他们好不容易把我推上了这个赌桌，把他们自己所有的一切都拿给我做了赌本，我满脑子想的居然都是怎么下来。呵呵，还真是挺没出息的。

唉，你看，我这么丢人的事都跟你说了，我不妨再给你爆个料：我手脚特别笨，笨到我居然活到 18 岁了，还不会骑自行车。我一开始联系宿舍的时候，特地挑了蓝楼，因为他离学校近，大概也就两公里不到。我当时觉得走路就 OK 了。但是我忽略了一个问题，学校在城市北郊，蓝楼那个地理位置，注定了日常生活不会太方便。从蓝楼出来，得走个十多分钟才有个超市，那个超市还挺贵。比较便宜一点的超市和生活用品店，都要去市中心才有。格罗宁根是个小城，从蓝楼骑车有个 20 分钟就到市中心了，但是靠走路，呵呵，我想是需要一点愚公移山的精神的。所以虽然我很抗拒，但是我不能不接受，我必须买一辆自行车，然后骑车去各种地方。你想象一下，对于我这种手脚奇笨的人，要学会骑自行车，可能跟你让一只兔子学抽烟差不多，而且还得无师自通。

那会儿离开学可能还差一两天吧，楼里的人也都回来得差不多了。真幸运，我们那层除了我亲爱的乐乐，还有好几个中国人，都是非常善良而且热心的。他们当时看到我，都很惊讶，哇 × 啊，你才 17 啊。我说不对，我马上就 18 了，就差一个月了。呵呵，结果换来的是他们更惊讶的目光。那会儿本科生出国的还少，欧洲的更少，大家一般都是在国内快要大学毕业了才出来。所以他们看到我，难免有点惊讶。当时他们几个商量了一下，到底应该拿我怎么办。本着人道主义精神和他们善良的天性，大家派了我们陈哥出马，带我去买一辆自行车回来。

陈哥当时硕士快毕业了，正在写论文，整天关在屋子里。带着个小毛孩出去买自行车，对他来说可能也是一个走出屋子，呼吸一点新鲜空气的好理由。陈哥小伙长得帅呆了，至少一米九，精瘦。我见过他在拳击馆就穿个短裤比赛，基本肋骨就一根一根的，就瘦成那样。哥们儿老穿个黑夹克，乍一看有点像道上混的。其实陈哥是个高才生，脑子可好了，左勾拳特牛 ×，据说比他重好几个量级的胖哥都能被他揍得屁滚尿流的。这事儿好像送陈哥回国聚餐的时候还有人拿出来说过，陈哥也很谦虚，说："哎呀，哥家是内蒙古的，我们那儿打架就是个休闲娱乐。" 哈，怎么扯得那么远，我明明是想给你讲讲我的自行车的事。

我们一下楼，陈哥就问我："你是想买辆什么车？" 我说："唉，无所谓，能骑就行，便宜点。" 陈哥说："哦，那咱现在可以上楼回去了，你等我晚上去找你。" 我说："我 ×，不会吧，你不要吓唬我。" 我觉得陈哥也比较无语，他说："你个小毛丫头，想得太美了，哥是说晚上带你去市中心，买个黑车，10 块钱搞定。" 我当时想了一下，拒绝了，真实理由特别可笑，我时差还没倒过来，晚上 7 点我就睡死了。我想陈哥可能有点误会我，他没准以为我是个特别有原则的人。因为我后来发现，大街上买个自行车这事，发生频率高得惊人。荷兰人自己也买得不亦乐乎。所以你要跟我说买黑车怎么怎么特别不应该，我真的不觉得。

然后我们就去了一个自行车店。荷兰修自行车贵得吓死人。陈哥动手能力特别强，又很热心，他凭着自己一双巧手和热心，开办了陈氏修车铺。只要不是一堆废铁，他基本都能帮你弄一弄，而且基本就是义务劳动。后来陈哥回国，在北京一个银行工作，我还跟他开玩笑，说你咋去银行啊，应该开个4S店，专修高档自行车。我当时那辆自行车，就是陈哥给挑的。我想起来都觉得不好意思，人家陈哥把店里所有价格合理一点的二手自行车都给试了一遍，筛出来最后一辆，说："唉，这个车不错。零件什么的都比较新，骑着感觉没什么毛病。还是折叠的，可以免费带上火车。"我说："哦，那就它。"陈哥有点哭笑不得，说："这车是你自己买还是给我买，你得骑一圈看看吧。我一米九，我怎么知道你一米七骑这车是不是真的合适啊。"我当时是有点不好意思，因为大家都默认我肯定会骑车，哪有在北京长到了十七八岁不会骑自行车的？是吧，我也就没好意思说。所以我就"嗯"了一下，说："啊，就这个就这个。"我现在都还能看得到陈哥那张帅脸上的三道黑线。

付了钱，还搞了一把巨大的车锁，因为荷兰丢自行车丢的厉害。你自行车丢了去报警，警察叔叔都懒得理你。那好像是我生平第一次推着自行车，有点小感慨。陈哥当时看我的眼神已经挺不耐烦的了，估计他在心里已经偷偷在想，可怜的娃，你这可够呛啊！我就推着那个自行车在路上走，慢吞吞的，因为我有点走路重心不稳。陈哥就有点毛，说："唉，你骑上行不行，车都买了你还推着车走回去啊！"我当时说了一句特别搞笑的话，我说："怎么办，我不会骑车。"陈哥仰天长叹，我都能听见他的画外音："这孩子，就是出来送死的。"

他沉默了很长时间，笑得很无奈，看我的眼神充满了怜悯，他特别语重心长地对我说："别闹了，赶紧回国吧。你现在回去报个高考复读班，还来得及。"我觉得他其实有半句话没说出来，可能他觉得那太伤人了。

这个游戏，不是人人都玩得起的。

在他眼里，我就是玩不起的那一种。

6. 未满 18 周岁开不了账户，即将露宿街头

一想到我居然这么能啰唆，还真是有点意外。可能真的是我那段时间太闲了，看什么都觉得好玩，现在回想起来那些人和事都格外有意思。唉，别说那段时间了，我现在看什么都还都觉得好玩，看谁都觉得特别有意思，也有可能是我这个人确实太无聊了。

陈哥当时非常斩钉截铁地断定，不出三个月，我肯定卷铺盖卷滚蛋。尽管如此，他还是本着人道主义的伟大精神，带着我在学校附近骑了几圈自行车。赶鸭子上架嘛，我也勉强能赶着蹬几下了。不摔死就行，管他呢。

我就这么摇摇晃晃地赶着车，上学去了。也不知我是幸运还是倒霉，我们那届三百多个学生，居然只有六个中国人。其中四个是一起从语言班上来的，三个女生一个男生，四个人一起租了一栋房子住，其中一对是热恋中的小情侣。这四个人分到了一个班，我连他们长什么样叫什么都没概念。剩下的就是我，还有一个对我很重要的人，我们有幸被分到了另一个班，并结下了不解之缘。呵呵，

别误会，我跟这人可清白着呢，虽然后来我们共居同一屋檐下，每晚都开卧谈会，但是我们之间，真的是纯洁的友谊，无比纯洁的友谊。

这人就是涵涵。涵涵比我大三岁，杭州姑娘，初到格村（我们对格罗宁根的昵称），人生地不熟，和我分到了一起。要说缘分这事，确实挺邪门。我初次见到涵涵，就觉得我跟她特别有缘分。因为我很健忘，尤其记不住人长相。像一般人我真的见完就忘，得见个三五次，比较熟一点，我才能记得住这人是谁。但是，这事儿也有特殊情况，比如涵涵。

如果我初见一个人，可能长相不是特别清晰，但我下次见一下就能想起来他是谁，那这人一般能和我成为朋友，交情还可能很不错。要是我一见他就能记得住长相，那肯定就是特别够意思的朋友了。如果我还在记得住长相之余，还能记得住他的衣着，那绝对就是生死之交。还有更甚者，我不仅能记得这人的长相和衣着，甚至神态、动作、声音，一切我都能给你描述出来。那，真的是对我极其重要的人了。呵呵，最后一种人还真存在，少而已。这么多年了，你要来问我，我当初见这人，他长什么样穿什么，什么动作什么神态说了什么，我都能给你描述出来。你要问我在哪儿见的，我都能给你领到地方去，保证不差分毫。呵呵，最后一种人是谁，你可以随便猜，反正猜中了我也不告诉你。你实在想知道，可以私下来问我。我君子坦荡荡，没有你不能问的，只有我不答的。

我当时见到涵涵，感觉这姑娘很灿烂。荷兰的初秋，已经冷到要让一个南方姑娘有点吃不消了。我记得她脸蛋很圆，戴个眼镜，扎个马尾巴，笑眯眯的。穿了件很厚实的黑色卫衣，牛仔裤，系着红围巾，有点像个圣诞老人。涵涵还有一双白嫩的大手，比我的手还要大，但是比我圆润，肉肉的，我的手就比较柴，关节很糙，有点像个干粗活的老爷们儿。你看，我能把初次见到涵涵的样子描述得这么清晰，因为她对我，是生死之交。

不过，在最初的那段日子里，我们并没有很多交集。她在忙她的，我在忙我的，根本来不及去建立一段深厚的友谊。我每天就是孤单单地去上课，上完课跑回家里一个人看书，看完学校的书看自己的书，然后自己躺在床上发呆，或者坐在窗台上看外面，很无聊的。头几天乐乐帮我收拾行李，狠狠地批评了我一顿。其实我那行李也没什么可收拾的，就几件衣服，一个可以煮方便面的小锅，一些照片，几瓶日用品，还有几本书。乐乐一看我还带了书，有点小惊讶，说："哎呀，好学生啊，都把书准备好了。"结果仔细一看，全是一堆乱七八糟的。我给你看看我都带了些什么好东西，一本《蒲桥集》，一本人民文学选的《汪曾祺小说》，一本《海上劳工》，一本《谈美书简》，一套竖版的《柳如是别传》，一本《城南旧事》，还有一本《苏东坡传》。乐乐看到这堆书的时候差点气昏过去，对我说："大姐啊，你没病吧你？"我竟然没有带电饭锅，理由居然是电饭锅太重，哈哈，这堆书比一个电饭锅可重多了。我现在想起来都觉得很诧异，做人能本末倒置到这个地步，也是境界。

这几本书后来一直跟随着我，一次又一次的搬到不同的地方，我在哪里，它们就在哪里。现在它们都被我收在一个柜子里，那柜子带锁。在米儿自己学会到处拿东西来啃之前，它们都摆在书柜上。有一天我突然发现米儿居然自己站起来，从书柜里掏出了我最宝贝的那几本书，啃得如痴如醉。等我冲上去，一本《城南旧事》，有大半都给口水浸烂了，给我心疼的。再一看，她正抱着我的《柳如是》和《苏东坡》，准备左右开弓，大啃一番，好好爽一顿。啊，神啊，放过我吧。搏斗的结果是“柳如是”保住了，“东坡”一身伤痕，差点心疼死我。心疼完了，我老老实实地把他们都锁上了。

居然能扯得这么远，可想而知我当时是有多无聊。不过无聊也好，我就喜欢无聊，因为无聊的生活里没有风浪，会很安全。但是很不幸，这种无聊并没有持续太久，就发生了第一件让我手足无措的事。其实现在看来，那真的只是一件小事。今天的我，只需要一个电话，就能解决这个问题。但是对于那个还不到 18 岁的我，简直就是晴天霹雳。

我当时随身带的现金不多，可能有个一两千的样子。剩下的钱都是提前打给学校，由学校代为保管，等我人到荷兰以后就可以开一个银行账户，学校把那些钱都转到我的账户上。这样主要是为了安全一点，身上带个一万欧现金，想想我就发毛。开学第一周，学校就替我联系了银行，准备各种手续，做好预约，到时候去银行签名激活账户，就有了自己的银行户头。听起来非常简单，执行起来也非常简单，东西都给备好了，去签个名就行了，怎么想都不应该会出问题。可是，这么简单的一件事，我就给办砸了。

说起来我还觉得有点丢人，不过这事也不能全赖我，得赖当初接生的大夫，没早几天把我给接出来。我记得很清楚，我预约的是 9 月 17 号，离 9 月 29 号还差 12 天，我就满 18 周岁了。想着马上就要有自己的海外银行账户，我觉得特别酷炫，兴冲冲地就去了。一开始也办得很顺利，跟银行小哥还扯了几句淡，结果办着办着就有点问题了。小哥说："唉，不对，你这个账户我在系统里无法激活。"他一开始以为是软件抽风，作为一个优秀的软件工程师，我可以负责任地说，只要是软件，就容易抽风。他说："你等着，我找人问问。"我就在那儿优哉游哉地喝热巧克力，瘫在沙发里发呆。小哥回来的时候满脸歉意，说："你这个账户有问题，你学校给你申请的这个账户的类型，未满 18 周岁不可以激活使用。"我一听就跳起来了，我问："那怎么办？"小哥说："问题不大，你现在可以重新做一个预约，等你满了 18 岁就行。"我想了想，说："哦，那好吧。"2007 年 9 月 29 号是个星期六，银行只开门到中午一点，周日又不开门，最方便的就是 10 月 1 号预约一下，去办手续。

晚几天就晚几天呗，我想。反正我手里的钱足够，也不是很急着需要用到存在账户里的那些钱。所以我就蹦蹦跳跳地回了蓝楼。那会儿蓝楼的那个房间，我住了两个多星期，多少也有点暖和过来了。荷兰的初秋，已经很冷了，有个暖和窝比啥都强。更何况住在我隔壁的乐乐那么可爱。

我回到蓝楼，打开信箱，发现了一封房屋公司寄来的信。我打开看了看，发现是让我交房租的信，信里还附上了一张类似汇款单的东西，那上面把金额和收款人都给填好了。乐乐告诉我，我应该在这张汇款单上填上自己的银行账号，在备注那里写上自己的地址和房间号码，然后拿着这张汇款单到大一点的邮局去，工作人员会帮我完成剩下的步骤。最好还是快点去，因为这笔钱从我的账户到租房公司的账户，一般需要两个工作日，按照规定，我每月 1 号之前，必须预付下一个月的房租，否则房租公司有权在一定条件下把我从这个屋子里请出去。

露宿街头，谁都不想。我马上往兜里装上三百欧，就屁颠屁颠地冲向邮局。我想的很简单也很合理，我还没有银行账户，拿现金汇不就行了。结果啊，邮局的阿姨又是满面歉意，对我说："我们只支持银行账户之间的交易，不接受现金。你必须有一个银行账户才可以。"我天啊，这事有多么不合理啊！我当时人就呆在那里了。我说，我是现在没有而已，得等我 29 号满 18 岁就有账户了。阿姨说，那你有银行账户再来。我说那不行啊，你们能保证 10 月 1 号这个钱就能到租房公司那里去么？阿姨说不能，至少一个工作日，至多两个工作日。

我简直要哭了。我一下子就在想，我就要露宿街头了。我已经很难过了，离开父母亲人，离开朋友，离开我所有的过去，我已经在流浪了。两个多星期了，我终于学会在这张床上安稳地一觉睡到第二天，不会半夜从床上掉下来。我每天早上 6 点钟准时醒来，坐在窗台上等着看黎明的晨光。晨光透进窗来，一丝丝抚摸着我的头发，一寸寸泼洒在我的身上，我感觉这间屋子都温暖起来了。我甚至想，如果一直是晴天，如果每一天的黎明都有这样灿烂的晨光，这间屋子会越来越温暖，我会愿意在这间屋子里待上很多年。刚刚才有了这样的念头，就被一张汇款单给扑灭了。我觉得很难过，我觉得我已经没有家了，我只有一个可以保我温暖平安的屋子，虽然那不是家。但是用不了多久，我就要连那个屋子都失去了。我会因为交不出房租而连人带行李地被扔出去，然后露宿街头。最委屈的是我不是没有交房租的钱，而是我没有交房租的途径。我带着哭腔问那个阿姨："我应该怎么办？"阿姨望着我，她的眼神很慈爱，但是她说："我不知道。"

7. 乐乐帮我搞定房租汇款

当时使用的那种汇款单，现在已经退出历史舞台了。我感谢智慧和科学，它们在把生活变得更糟的同时，也能把生活变得更美好。

那张汇款单，困扰了我很多天。我甚至又想到了回北京。退路还在向我招手，我却已经感觉有一点扭捏了。人家高中都开学好几个星期了，这会儿再跑回去插班复读什么的，我觉得太现眼了。我皮厚无所谓，但我总不能把爹娘的脸也一起都给丢光了。他们不会怪我，他们只会偷偷难过。我不想这样。但是那几天我真的很绝望，每天就是在一点点倒计时，想着再过多久我就要露宿街头了，或者是想如果我回到北京，会有多丢脸。那种感觉有一点点恐怖。

上天眷顾了我。隔壁的乐乐是个非常可爱的女孩子，皮肤雪白，瓜子脸，一笑有很讨喜的两个小梨涡，梳着符合她性格气质的黑长直发。她看我那个样，就主动来问我到底发生了什么。我说："唉，再想不出办法来我过两天就要回北京了。”乐乐一听，立马就认定我肯定在北京有个男朋友，异地恋，而且他在北京出问题了。乐乐说：“算了算了，这才一个月他就坚持不住了，你现在为了这个男的回北京也没用，肯定没什么好结果。”我苦笑了一下，说：“唉，真不是。我要在北京谈恋爱了还来这干嘛。我现在要回北京，纯属是在荷兰待不下去了。”然后我就把交不了房租的事情跟她说了，说得我眼泪都快下来了。乐乐当场就说：“是不是手里钱不够，我借给你。”我听了觉得心里特别温暖。大家都是穷学生，手头都紧。我们认识才几个星期，她就那么痛快地借钱给我，我真的很感动。我说：“不是，我有钱，但是我没有账户，没法汇这个钱。”乐乐一听都气乐了，差点把正在吃的一盘子炒面给扣我头上，她一边跳一边叫：“你真笨还是假笨啊？你把房租给一个信得过的人，然后让那个人替你转账过去不就行了吗？”

这么简单一个事情，我都拿脑袋撞墙了，居然也没想明白。越想越觉得自己笨。乐乐帮我搞定了房租汇款，我当然也没有露宿街头。这个事情就这么过去了，我还偷偷有点小小的成就感，虽然这事情根本就是乐乐替我解决的。10 月 1 号那天我真的挺高兴，国庆节嘛，而且我可以安全地在这个房间里再住上一个月了。更重要的是，我今天就可以去激活我的银行账户了。我觉得自己是个大人了，有一个完全独立的银行户口，虽然那里面的钱全都是我爹娘的。我甚至比上一次更亢奋，兴冲冲地就跑到银行去了。事情办得也很顺利，签完名银行小哥告诉我，一切 OK，我只需要回家去等我的银行卡，然后再来一次银行激活密码就好了，到时候不需要预约。

8. 银行的“开户礼包”惊着我了

办完这些手续，我心情很好。我准备顺便去市中心买点日用品，然后回蓝楼看书发呆。小哥说你等一下，我们还有个 Welcome Pack（开户礼包）要送给你。我想了一下，估计里面就是什么圆珠笔地图之类的，没什么用。我说：“不用了，格罗宁根地图我有很多了。”其实我说这话是不太礼貌的。小哥倒没介意，说：“别啊，这跟你想的不一样，你不要会后悔的。”说着他就转身到后面去了。他回来的时候手里拿个 A4 大小的透明夹子，夹子上面有银行的标志。我扫了一眼，估计里面也就是一堆地图圆珠笔什么的。我心想，呵呵，出去就扔了。小哥明显看出我的想法了，把夹子递给我，说：“好好看看，你一定会喜欢的，没有女孩子会不喜欢。”我看他笑那个样，心说，这哥们儿不是把自己电话号码给塞里了吧，别这样，你也太自信了。我接过来一看，小哥肯定没往里面塞东西，因为这个夹子是完全封上的，还没打开过。我反过来看看，发现里面有一包东西，是六个独立的小包装连在一起的。包装是那种像锡箔纸的材质，粉红色不透明，但是能看出来是一个圆圈状的东西，比两欧元硬币要大一点。那个粉红色，看起来有点暧昧，明显很好撕开。我看着这东西，觉得特别奇怪，真的就是奇怪。其实我当时已经大概猜出这是个什么东西来了，但是我根本不能相信。粉红色包装上，除了贴上去的银行标志的贴纸，还印着 DUREX。这玩意儿是杜蕾斯！！！

如果你觉得我写的东西恶心，请你先等一分钟，待会儿再骂我龌龊。请你试着想象一下，这是在一家银行，光天化日大庭广众，你刚刚满 18 岁，甚至还没有机会好好地爱过一个人。你拿到了一个一家大银行派发的开户礼包，上面赫然印着这家银行的标志，里面就放着这些避孕套，甚至没有一丝一毫的扭捏和掩饰。一个陌生男人把它拿给你，他对你没有一丁点非分之想。那种感觉，我不相信你能想象得到。我之所以决定把这件事写下来，因为从某种程度上讲，这是我这些年来所经历的一切的一个缩影。就是，你永远不知道下一刻会发生什么，而且这件事会彻底颠覆你对世界的认知。

银行开户礼包这件事，我以前从没对人讲过，甚至连我父母都没有。因为这件事情给我造成的影响，我不知道该如何描述。在之后一段时间里，我甚至对爱情感觉有点悲观，我根本不知道什么是爱，至少我觉得我不知道。我那个时候甚至在想，如果我足够幸运，能有一个比我清楚明白的恋人，我愿意相信他会告诉我，我正在经历的是对的爱情。但是，很不幸，此后很多年，我都没有遇到我所认为对的爱情。我想了很久，我现在觉得没有错，也没有对，只有不同。

我很困惑，我坐在那个椅子上，就盯着那个东西看。小哥很臭屁，他说：“你很幸运，现在几乎没有什么新生来开账户了，我可以多给你几个。”我苦笑了一下，说：“不用了。”小哥那个表情就是，唉？他坏笑了几下，说：“不会吧，你的同学们都使劲地问能不能多给他们几个。”我估计他肯定觉得我不好意思拿太多了，就在那坏笑，说：“Don’t be shy，你如果恋爱就肯定用得上嘛，你知道杜蕾斯有多贵吗？”

我相信这小哥应该没有接触过什么从中国来的孩子，他肯定对我们是不了解的，所以他很费解为什么我对白送的杜蕾斯会毫无兴趣。虽然是工作时间，他还是表现出了极大的兴趣，想和我聊聊这到底是怎么回事，他就特别困惑甚至带了点责备的语气问：“你们在中国上中学的时候到底在干些什么啊？”我实在不想和他聊这个，因为我感觉这触犯了我的隐私，但是就这么抬腿走了好像也有点过分，我就勉强了一下，对他说：“我单身，所以我不需要。”小哥一下就乐了，说：“就是单身才需要啊，这可以给你快乐，还可以替你避免烦恼，你应该学会去享受它带给女性的巨大好处。”我完全就是哭笑不得啊，心说这事儿太扯了，这就没法沟通。我把包背上了，说：“谢谢啊，我走了。”小哥估计也明白我有多尴尬了，还是非常灿烂地笑了一下，说：“OK，enjoy your love，enjoy your body. Life is short，don’t waste it.” 我给你翻译一下就是——宿昔不梳头，丝发披两肩。婉伸郎膝上，何处不可怜。我翻译的不太准确，大概就这么个意思吧。

9. 秋假，组团去阿姆斯特丹

我虽然看起来像个山大王，但是内心是个小女子。银行的开户礼包给我造成了很严重的刺激，这背后的原因很复杂，我需要仔细给你讲一讲。我不敏感，甚至还很木讷。我之所以会有那么大的感慨，其实很大程度上是我反应非常慢的结果。我慢到什么程度，别人说什么事情慢半拍，我一般都是慢至少一拍，经常就是两拍，最慢的时候差个三四五六七八拍都出现过。

其实我在收到那个银行派发的避孕套之后几天，还是比较迅速地冷静下来了。因为我还在琢磨着到底是个什么情况，“毁灭三观”的感觉还没有那么强烈。我给你打个比方，罗永浩老师说的，你刚和一个女孩子牵了第一次手，就开始准备计生用品了。我觉得就是这样，唯一的区别是我连人家男孩子的手都没牵着。

又发了几天呆，学校就开始放秋假了。我那会儿没事干，刚好我的同学们也都没事干，所以大家就决定一起组团去阿姆斯特丹转一转。几个二十岁的年轻人去阿姆斯特丹转，千万别以为我们会去博物馆欣赏艺术，我们当然是兴冲冲地去了红灯区。

我那年去红灯区，基本就是没事找罪受去了。我们几个在大街上走来走去，我就感觉眼睛疼，透明橱窗里满眼白花花的大腿和胸脯，满耳朵都听人在讨价还价，比在北京西单买东西砍价砍得还激烈。几个一起去的全是荷兰人和德国人，有个家伙提议去看 live show，大家一听就群情激奋，我觉得好像每个人都在等着别人提议似的。大家都那么亢奋一窝蜂就去了，我在外面装酷也不合适。而且我以为顶多也就是“小怜玉体横陈夜”那个级别的，就跟着进去了。我待了不超过三分钟吧，出来觉得眼睛都瞎了。

接下来就上演了戏剧性的一幕。一起去的几个人里，有两个好像看上眼了，加上看了场 live show，有点激动，当天晚上就没跟我们一起回去。阿姆斯特丹的红灯区是非常替消费者着想的一个地方，在向你提供专业服务的同时，也为小情侣以及一夜情爱好者提供各种场地。据我的那些同学们在回程火车上描述，live show 非常牛 ×，二十来岁大好青年，看得热血沸腾找个酒店过一晚，正常，太正常了。我当时满头大汗，说真的，这要是恋爱多年，到这会儿来个什么情深一刻，我不觉得这有问题。这俩当时也不是在谈恋爱，也就是认识了一个多月的样子，这个好像就有一点猛了。我回想了一下银行小哥那一脸坏笑，心说我 ×，还真是牵一次手就开始准备计生用品。更让我膈应的是我这一群同学们竟然没觉得这有什么问题。

这两位在阿姆斯特丹的小旅馆里欢度了一夜春宵之后，淡定地继续当着同学，各自该干什么干什么。那个小伙子过了没多久就跟另外班上一个德国姑娘谈上了，好像谈得还有点灵魂伴侣的意思，成天形影不离。整个过程大概有一个多月吧。

我承认这个其实有点三八，成天关心人家的私事。但是这事情，让我感觉我的三观受到了严重的创伤。我非常认真地回想，银行小哥在劝我收下这些杜蕾斯的时候说的那些话，然后就发现了一个很严重的问题。那就是，这些避孕套，不一定是要和相爱的人分享，也可以和一个陌生人分享。呵呵，你就想象一下吧，我在想明白这个事情的时候脸上那个表情是什么样的。

我想插几句，讲讲我的家庭教育和经历，因为我之所以感觉这么崩溃，跟这多少有点关系。你可能会以为我父母是极度保守的人，其实不是，他们非常善于思考，开明而富有勇气。我十四五岁的时候，我爹就很淡定地告诉我，如果有喜欢的小伙子，好好谈一个，绝对不干涉。我爹当时给我做了个比喻，初恋就像豆腐脑油条，要当早饭吃。你非得给搁到下午吃，味道就不对了。中学生谈恋爱叫早恋，会耽误学习。当时在我周围的朋友，基本谈恋爱都要偷偷谈，因为一旦被父母老师知道，那就是没完没了地修理，非逼着你断了不可。

很可惜，我爹娘给我创造了这么好的条件，我居然没利用上，这事儿想想其实我也有点后悔。我倒不是主观上不想谈一个，真的是客观条件不允许。我是个文科生，还是在一个比较牛的学校的尖子班里。那个环境下男生少得可怜，放眼望去，全是特别优秀的女孩子。我觉得女孩子的魅力指数，是性情、才华和容貌三方面的综合得分。可以说我当时周围所有的同龄女孩子，无论哪一个，在其中任何一方面，皆可谓个中翘楚。可惜我在这三者上，都比较平庸。不过我心态好，觉得这样的大环境下我确实太不显眼了，人家没看上我也是很正常的。再说了，虽然我父母表示不干涉，我其实也不是特别放心。万一是个欲擒故纵呢，到时候一样要被修理。

所以我想你看到这，大概也就能猜到我到荷兰的时候的状态。我 18 岁，我那段日子整天都是一个人，在异国他乡，我真的很寂寞。更何况大家都在兴高采烈地恋爱。呵呵，对啊，我当时在荷兰最想干的事情就是赶紧好好谈个恋爱，不然我又容易整天琢磨怎么能把回北京复读这件事办得漂亮一点了。

在我从小接受的教育里，我的父母并没有过分强调过“发乎情止于礼”，他们把选择权留给了我，这是我的事。但是这有一个绝对不能让步的前提——情感和身体应该是一致的。不过当时我还想不到那么远，我连人家男孩子影子还没见着呢，还瞎琢磨什么后面，那不有病么。我所能期待的，只有最单纯的情感，不掺杂任何欲念。结果呢，一堆避孕套甩在我面前，好像避孕套是恋爱的必需品似的那个架势。呵呵，这我有点招架不住啊。因为我当时不太能相信这个新的环境里，会比高中文科班有更高密度的那么优秀的女孩子，说不准我还真能招揽好几个裙下之臣呢。我觉得我短期内找个像样一点的男朋友应该不成问题，我当时还真是有这个自信的。“唉，想得太远了，先得有几个追我的人，还得好好选一个我也喜欢的出来，剩下的是以后的问题。”我对自己说。然后呢，又一堆避孕套甩我面前，说：“唉，又不一定要是和你爱的男人。你现在是成年人了，两个成年人在双方自愿的前提下，没什么不可以，你爱不爱他无所谓，戴好套就行了。”

我能不觉得这事儿特别伤害我的少女心么？你说说。

10. 留学噩梦——商学院小组项目不及格

我原本的计划，是一月中下旬考完试，开始动手找房子。我一开始想找一个荷兰学生多一点的地方，环境好一点，还能练练荷兰语。但是这个计划被搁置了，因为考试周的时候出了点麻烦，牵扯了我过多的精力，而且还把我和另外一个女孩子拴在了一起。

我在格罗宁根读的是商学院，跟国内一样，一学年是两个大学期，一个学期还分成两个小学期，跟咱们的期中期末差不多。每个大学期开始的时候，都要把学生分成小组，做一些项目。每个项目持续一个大学期，6 个学分。所谓做项目，就是给你一个公司的案例，让你分析分析，期末交个报告，然后去向五个老师组成的评分组做一个演讲。这五个老师会根据最终交出的东西的质量，和我们作为一个小组的表现，打出一个分数，组里每个人都是这个分数。这种项目是荷兰德国学生的最爱，但几乎是所有中国学生的噩梦。

首先是沟通表达的问题，欧洲人耍嘴皮子的功夫，整体上比咱们要强一大截。我一直觉得我们是一个不善于表达的民族，敏于行而讷于言。所以经常是中国学生做了很多很多的工作，但是因为不善于表达，反而让人以为整个项目下来，他就是个蹭饭的。那个可能连屁都没贡献的荷兰家伙，倒抢了全部功劳。这很可怕，因为老师们会定期考核，当他们认为你在这个项目中没有做出应有的贡献，你会被踢出去，挂掉这门课。这种事情极其常见，我自己后来也遭遇过类似的，非常恶心。

其次是语言和逻辑的问题，我们虽然天天学英语，但是学了那么多年，写出来的句子全都是千篇一律的，就只有一个句式和大量的重复用词。要不干脆连写都写不出来，就是硬着头皮写出来了，写的东西大多数根本毫无逻辑可言。这事儿我真的纳闷儿了好长时间，我都不知道是应该怪我的英语老师，还是怪我的语文老师，或者是怪我的数学老师。我们上高中天天写作文，各种各样的题目，全是命题作文，还限字数。按理说，这应该能把我们这种“对某个特定题目进行描写分析概括总结”的能力，给提升到一定高度的。

结果写出来文不对题，还全是逻辑错误，我都觉得我的老师们天天那么辛苦，那些累都白受了。这么说吧，写出来的那个东西，无论是给我高中的英语老师、语文老师，或者是数学老师看，他们估计都得活活气死。更别说我把这东西跟那帮荷兰人德国人写的东西放在一起，交给那些更残酷的大学老师们看了。

而且，最可怕的是，我们拿到的只是一本介绍一家公司近几年运营状况的介绍，一些面目狰狞的图表，一些冷而杂乱的数据。这就像你在考试，题目的前半句是“鲁迅先生说了这段话什么什么的”，后面应该有个问题，你答那个问题就行了。但是这里没有，他只说了鲁迅先生说了什么，这道题就结束了，是让你分析为什么说这句话，还是让你接上后半句，还是什么别的乱七八糟的，都没说，就是你随便。束手无策，就这种感觉，束手无策。

这种项目，说真的，要是不占什么分量，估计很多中国人都会干脆大手一挥，老子挂了他。太不巧了，这个还是整个学年里几乎最重要的部分。如果挂掉，6 个学分就没了。一年修满所有课，是 60 个学分，够 54 个，可以上第二年，挂掉的科目来年重修。52 个，留级。再少，连留级的资格都没有了，直接滚蛋。当时因为普遍的语言问题，很多中国学生每年都至少要挂掉一到两门课，也就是说，两个大项目，必须坚持下来，不然连留级的资格都没有了。

我之所以说“几乎所有中国学生”，是一开始我以为我是个特例。虽然我不喜欢，但是我觉得这种小组项目没有传说中的那么可怕。那年我真的很幸运，分到那个组，两个荷兰女生，一个母语是西班牙语的荷兰籍男生，还有一个有点完美主义的德国人，都是成绩很好的。这四个人都很勤奋，尤其是一个荷兰女生，勤奋得超乎想象，每次交报告之前，她都非常仔细地整理，甚至会给我写的部分提很多建议。

考试周之前我们需要上交最终版本的报告。那个德国小伙子强迫症到了很严重的程度，连报告的装订都要反复讨论，在细节上执着得近乎疯狂。那个荷兰妹子呢，也是个狠角色，每个用词都反复地在那琢磨，改个没完没了。摊上这么两位，我们一拖二拖，就拖到了马上就要过期限，才最后去打印报告，然后装订上交。

我们的最后期限是一个周五的下午，五点。德国小伙子说有足球队训练，走人了。荷兰小哥说周末回父母家，住得远，他也得早走。勤奋的荷兰姑娘说她要打工，又走了。就剩下我和另一个荷兰姑娘来弄这个东西。

大概下午两点多吧，我们就在学校的打印店里忙活上了。打印店是没有人驻守的，什么都靠自己弄，出问题了可以打电话，才会有工作人员来帮忙。我们那个报告写了有两百多页，要打印五份，也是需要一点时间的。

我和那个荷兰姑娘就发呆，那姑娘一脸茫然，心不在焉的样子。我问：“你怎么了，有事啊？”结果我这么一问就问出问题来了，这姑娘就开始拍着大腿，给我讲她那平时热情如火的男朋友，这两天有点冷淡。我 ×，我真有点招架不住，就呆着脸坐着。那姑娘看看我，知道我在荷兰待了好几个月，啥绯闻居然也没弄出来，估计也就没什么有用的建议了。她就很有风情地撩了撩头发，自言自语地问："我是不是最近太忙，有点冷落他了？"我也是倒霉催的，就"嗯"了一声。这姑娘一听就有点亢奋，很媚的一笑，说那你一个人能搞定这些吧，我想现在就回家，好好 HOT 一下。我当时简直就无语了，说你好好 Enjoy 吧，反正我也没有需要我抚慰的男朋友，我就在这跟打印机谈恋爱，我能搞定。结果她跑得比兔子还快，高跟鞋嘎达嘎达的。

我就在打印店里，靠着墙站着，跟打印机谈恋爱。一开始谈得挺顺利的，到了最后一份报告打到最后几页，眼看着修成正果了，哥们儿居然卡壳了，没纸了。我一看，平时放备用纸的柜子也空了。好吧，我就开始打电话给打印店的人，说了一下情况。那边说马上送来，我心里苦笑了一下，马上个屁，荷兰人的马上至少是一个小时以后。

我也是个有觉悟的好同志，等纸时也没闲着，把另外四本报告都装订好了。结果这么一马上，就给我马上了两个多钟头，打印店的工作人员来的时候，都四点半了，我等得差点想杀人。装上纸还不行，机器里还有一张被卡住的，又折腾了半天才弄好。我 × 啊，我一看表，离五点只剩几分钟了。手忙脚乱给印出来，最后一本报告装得歪歪扭扭，连滚带爬地就拿去交了。收报告的小伙在报告封皮上写上了时间，17:03。只差了三分钟，我想，应该没事吧，然后我就欢天喜地地回蓝楼了。

我们的报告当然很顺利地通过了，又非常顺利地做了演讲。一堆问题回答完，下面几个老师的脸色也很好看，我们几个还是挺高兴的。那个教经济的大爷开始说话了，一个劲地夸，应该给 8 分。听得我们都心花怒放的。他突然脸色一变，说："你们不及格。"我都没反应过来，再一看边上几个人，也都是那个"你说什么"的表情。大爷重复了一遍，说："你们不及格。因为你们的报告交得太晚了。"我还没什么，那个德国小伙子当场就急眼了，说："不可能。"大爷说："你自己看，截止时间是下午五点，你们是五点零三交的。"然后，所有的眼睛就都落在我和那个金发的荷兰姑娘身上，我觉得糟透了。金发姑娘还想反驳一下，她说，我们只晚了三分钟。大爷说对，是只有三分钟。但是请问你，股票交易所收盘以后三分钟，你还可以进行交易么？没有人再说话了。

我们出来以后，马上就开始吵架。我一个人，两个荷兰姑娘和德国小伙一组，荷兰小哥一个人，互相指责。再准确一点，是荷兰小哥从始至终一个字也没说，我也没说，因为我一直在被另外三个人指责。如果另外的人跳出来问我，为什么会搞成这样，我还可以心平气和的解释。但是那个欢天喜地地把我扔在打印店，自己跑去跟男朋友风流快活的姑娘在那滔滔不绝，我就太不能接受了。我其实很想吼回去，吼她你他妈个臭三八，想男人想疯了，大白天的你就开始 ××。但是我居然一个字也说不出来，我就在那听她吼，然后心里把她祖宗十八代都给骂了个狗血喷头。

其实我后来这些年想起这事，都是后悔的。我没有在这件事情上理亏，所以我非常不能容忍自己，竟然那么顺从地由着其他几个和我要负相同责任的人，把他们的责任完全推到我一个人的头上，就那么推了个一干二净。吵了不知道有多长时间，这三个人做出了决定，他们要写一封信给评分老师，所有责任由我一个人承担，他们几个得8分，我挂掉，就这样。那个荷兰小哥一直都没说话，我愿意相信他对此并不赞同，甚至是反对的。但是他知道，他这话说出来，对自己也没什么好处，所以他沉默了。

我听他们说完，都没什么反应，虽然我觉得很委屈。吵完了也就散了，我也没心情回蓝楼，就一个人在学校门口的椅子上发呆，想家，想北京。荷兰的冬天，真不太适合室外活动。太冷了，还凄风苦雨的。我当时突然还冒出个很可笑的想法，我觉得其实荷兰天气这么差，很容易生个病发个烧，弄得惨一点，没准我过几天就觉得我自己足够可怜，必须要回北京的家里去了。到时候越狼狈越好，我就能下狠心放自己回家了。我的手不停地重复地拨几个电话号码，一个是我北京的家里，我拨了一次，但是我没敢打通。我不想让我父母夜里十二点听着自己的独生女儿在越洋电话里放声痛哭，他们肯定会崩溃的。另外一个号码，我不停地拨，也不敢打。人家高三，大半夜的来个人给你大哭一场，你第二天要有心思上课才奇怪了。更何况我也没资格要求人家，大半夜的听我一个无关痛痒的人哭得那么恐怖。最后还是没忍住打出去了，谢天谢地，那边关机。

11. 涵涵支招儿——“一哭，二闹，三上吊”

要不说注定要现眼呢，没把人家高三的给吓得目瞪口呆，倒把我们这大一的给吓得够呛。我坐的那个地方，其实有点偏，从学校楼里出来，很少有从那边走的。我唯一的来自中国的同班同学小程，就在这个时候目击了我号啕大哭，差点把她吓死。

我对她的印象，其实是很深刻的，因为她很像个圣诞老人。但是很奇怪，我只知道她的名字，比我大三岁，杭州人，仅此而已，没有交集。我不确定她对我狰狞的哭相到底观察了多久，应该有个十分钟吧。我听她用很浓重的杭州口音对我说：“哎呀，你不要这里哭了啦，会生病的啦。”她说的话特别温柔，有点酥到骨头里那种感觉，我感觉听她说话很舒服。我说：“我饿了。”

“我饿了”，我觉得这话真的太搞笑了。小程，也就是涵涵，她也笑了，然后就把我带到了她家，给我做了一顿可乐鸡翅吃。说实在的，我不太爱吃，因为太甜了，而且我也不喝可乐。

我们两个女生，一顿饭吃了一公斤鸡翅，还吃了好多方便面，想起来都觉得恐怖。小程让我坐在她的摇椅上，她自己盘腿坐在床上，我们俩就抱着两个锅闷头吃。小程看我吃得那么香，好像正常点了，就问我：“你是出了什么事情吗？”

我一听又想哭，把项目挂掉和吵架的事情说了一遍。其实我想再哭一顿，但是我说的话都特搞笑，还特带劲，听起来像鲁迅和马三立同时附体。我一边叙述，还一边声情并茂地骂人，骂得都带花。这事我自己也纳闷，怎么几个小时以前就没这么好的口才，看来反应慢这毛病得改。

我说完了，小程一捋袖子，抱起装鸡翅的碗，一仰脖把炖鸡翅的可乐酱油汤给喝了。她叹了口气，说：“哎呀，这个事情和我差不多的啦。”然后她就把她这一天的遭遇大概说了一遍，我一听，比我郁闷多了。她那个组整体水平一般，但是有个很强势的德国姑娘，虽然那个姑娘自己资质也就那样，但对旁人的要求是极高的。他们交上去的报告刚刚够合格，演讲也做得有点冷场，就给了一个及格分。结果还没从教室出来，当着所有老师，德国姑娘当场开始发难，说是这个组里的人拖累了她云云，拉低了她的分数，她应该比别人分高。别人都没说啥，过了就行了，闹什么闹。但是小程不干了，她认为她付出了足够的努力，不应该受到这样的指责。

我问然后呢？小程耸了耸肩，说：“当然是很糟糕的啦。”很糟糕，估计就是吵起来了，然后就挂了。我心说大姐你可真淡定啊，6 个学分呢。我真纳闷她怎么会在最后关头脑袋进水，跟人吵架，就说：“你跟她吵啥啊，白搭进去 6 个学分，再丢一个就留级了。”小程一听立马严肃起来了，说：“这是我的原则。”然后她又很可爱地笑了一下，说：“哎呀，无所谓的啦，反正我也有两门课没考过的啦。”

我差点被鸡骨头卡死。我不顾满嘴东西，向她表示我如同滔滔江水般的敬意，我说：“你太想得开了吧。要是我早跳楼三百次了，你现在可连留级都不让留了。”小程看我的眼神就有点鄙视，说考试还可以补考啦，补考过了就可以啦。我的神，这大姐可真想得开，我苦笑了一下，说：“唉，我这个麻烦。我现在回去，就算学校让我插班，我今年肯定也不能考试了，还得再多复读一年，我不亏死了。”小程看我的眼神特别惊讶，她问我：“你这就打算回北京了？”

小程这么问我，我就愣了一下。因为我想着，已经丢了 6 个学分了，如果我再挂一门稍微重要一点的课，我就没机会了。我唯一能想到的，就是回北京复读，复读之后走的还是我一早给自己规划好的那个套路，只不过晚一年而已。

小程一拍大腿，对我说：“你现在回去有什么用啦。现在都一月啦，你现在回去和读完这一年等七月再回去都是一样的啦。”这我承认，这是实话。她说：“而且你的这个事情，根本就有问题。他们想就这么把这个事情推到你的头上，也太便宜了。”我耷拉个脸，问她：“怎么办？”小程的表情，我感觉就是写满了“朽木不可雕也”，她轻蔑地一笑，冷冷道：“一哭，二闹，三上吊。”

12.“恭喜你们，可以明年再来一遍。”

我没来得及一哭二闹三上吊，就被教经济的大爷给请去喝茶了。当然了，还有另外四个，一并被请去喝茶了。

我心里不想去，死赖在蓝楼的床上，拿被子蒙着头。我的感觉是什么，就像两口子过不下去了，对方去提交了离婚申请，法院来传我上法庭那种感觉似的。呵呵，离不离的，其实我也有点那种“老子也不想跟你这种混蛋娘们儿过了”的心情，咬咬牙，挺悲壮地就从被子里挣扎出来，真是除了被窝哪儿都冷得要死。为了表现得爷们儿一点，我还洗了个澡，好好收拾了一顿才去的。

到了学校，停了自行车，居然就碰上了组里的德国小伙。什么叫冤家路窄，这就叫冤家路窄。其实这小伙还是个标准的日耳曼美男子，金黄色的头发，绿眼睛，高大威猛，平心而论要是穿个素色衬衫还是有点制服诱惑的意思的。但是这家伙给我留下了严重的心理阴影，我有很长一段时间都很不喜欢，甚至是厌恶这种标准西欧男性的容貌。

我很难给这家伙什么好脸色，因为前几天就是他第一个提出来要炒掉我这个建议的。不过我虽然烦他，但是有一点真不能不服，这兄弟心理素质绝对超群。他居然能特别灿烂地主动向我打招呼，还有说有笑地问我这几天的情况，令我瞠目结舌。就冲这心理素质，他要不是那么傻，没准真能在道上混个名堂出来。

教经济的大爷把他收到的信声情并茂地朗读了一遍，当着我们五个人的面，然后拿给我看，上面有四个签名。荷兰小哥的签在最后面，我估计他是被逼的。大爷戴个比两欧元硬币大不了多少的小圆眼镜，看人都是往上瞟着看，镜片后面的眼睛看着就有点像死金鱼的眼睛。他盯着我看，问我：“你同意么？”

其实这事儿，我已经跟小程商量了好几次了，但是还真的很慌。可是吧，想着这个事情搞不定我弄不好就要回北京了，又白耽误一年，我就狠了一下心，心说妈的，反正脸也撕破了，来吧。

我说：“我不同意。”然后我就开始白话，大概把跟小程说过一遍的话给大爷拿英语翻译了一下。但是效果差了很多，没有那么慷慨激昂，而且我把那些个骂人的话也给省略了。爷爷听完了，说那你觉得这个责任到底应该谁负？我指着那个荷兰姑娘，说至少我和她一起，因为这个是交给我们两个人的任务，她中途因为有事退出，不代表她不应该为此承担责任。其实说真的，我心里特别特别想把她那天说的原话复述一遍，然后再加上一些比如“含笑帷帐里，灭烛解罗裙”的细节描写。哈哈，肯定特别劲爆。

大爷推了推眼镜，开始发表演讲，他说：“我们其实是再给了你们一次机会的。但是很不幸，你们自己没有把握这个机会。”然后大爷停了一下，继续说道：“这个项目的真正意义，在于初步接触商业活动中可能遇到的各种情况，并且以一个团队的方式去体会他们。你们犯的第一个错误，是完全没有分清事情的重要性。你们过分追求并不能影响最终成败的细节，却对最关键的因素毫不在意。你们把打印报告的时间拖到了最后，这其实是一件非常重要的事情，根本不允许任何差错。但是你们甚至没有考虑过可能出现的突发状况，而且在出现意外以后，毫无危机处理能力。”

德国小伙马上就说了：“我有正当理由不能参加，我要去参加足球队训练。”我感觉大爷也是挺讨厌他的，马上反问他：“你认为你搞砸了客户的项目，可以用我忙着去踢球这种理由么？”德国人闭嘴了。大爷接着说：“在出现问题以后，你们根本没有考虑问题出在哪里，该怎样解决这些问题，而是马上开始争吵，互相指责，然后把所有责任推到一个人头上，这是极其不负责任的做法。而且在你们忙着推卸责任的时候，你们浪费掉了最后一点可以用来补救的时间和资源。我从你们身上，根本看不到任何商业精神，我对你们非常失望。”

大爷说完了，拿手指在桌上敲了几个很带点摇滚味道的鼓点，说：“你们其实也算是得到了第二次机会，恭喜你们，你们可以明年再来一遍。”

其实如果我只想讲这个故事，到这里应该结束了，但是我很想把后面的事情也说清楚。这件事情以后，我并没有像我想象的那样，那么讨厌那两个荷兰姑娘，我甚至和那个荷兰小哥还保持了联系。前一阵子，荷兰小哥搬家到我住的地方附近，我还带着米儿去他家玩儿过。但是那个德国人，我至今觉得，他令我厌恶甚至恶心。这我得给你解释一下。

大爷说完了这些话，大家都表示了同意和接受，因为他说的都是实话。但是只有这个德国人，他到这个时候，还在表示反对，他坚持认为他没有任何责任。我讨厌这样的男人，做错了就是做错了，死不认账，太不像个男人了。我心里甚至骂了一句，就丫这傻 × 样，都对不起他多长的那个零件，根本不是个爷们儿。

13. 不及格后遗症——失眠

大爷说的那些话，我是赞同的。我分不清事情的轻重厉害，缺乏责任感，没有足够的团队精神，甚至把握不住最后补救的机会。他说的都是实话，但是我觉得，这些都是鸡汤一样的话，身体没毛病的时候喝挺好，真有病了喝，屁用也不顶。

我为此失眠了好几天。每天不到早上三四点钟，根本睡不着。我一连几天，每天都在反复地想，他所指出的这些弱点，究竟有什么办法去改正。我想了很多天，都想不出来解决办法来，而且我越想就越在往一个很悲观的结论上走——这些弱点，都是天生的，无法从本质上解决，最多也只能是弥补而已。换句话说，我根本就不是个当商人的料。

其实还有个事儿，我觉得不太好意思说出来，就是我不太愿意继续再继续面对我那几个同学。我有个毛病，一旦和任何人产生不愉快，本能的反应就是躲开，越远越好。这有点麻烦，因为一个班里也就那么二十来个人，接下来的三年半还会有没完没了的各种项目，我和他们被分到一起的概率还是挺高的，想想就觉得很难受。特别是那个德国人，一见着他我就浑身不自在，由里到外的那种。

所以我每天失眠，就在想这些破事儿。我越想就越悲观，觉得就算我能熬得过这四年，以后怎么样，也很难说。

这事儿就麻烦了，我一旦认定什么事情没戏，就会彻底放弃，到时候拿牛车都拉不回来的那种。很自然的，我就开始想，我是不是该回北京了。但是回北京这个事儿，在这会儿操作起来已经有点困难了。都一月份了，我回北京肯定没法同年就考试了，只能再复读，再等下一年考试。这个我真是不想，特别不想，极其不想，甚至可以说，只有在生命受到威胁的情况下，我才会勉强考虑一下。

你可能很难理解，因为高考复读其实是挺常见的，觉得我应该不至于有这么激烈的反应。那我讲讲，你就明白了。

这其实是我小时候的事。北京的小学是六年的，我比较有个性，上了七年。我蹲过一年班，而且还是小学一年级的时候蹲的。这事儿吧，挺复杂的，我自己也没弄明白到底发生了什么，反正我就是上了两遍小学一年级。不过我还真没为这事儿怎么难受，或者留下什么心理阴影，就是有点可惜我那一年的宝贵时间。本来能用来在家里痛痛快快和我表哥打架的，结果都在教室里给浪费了，你说多不值。就因为有这么个事，我老想着把这一年给找补回来，所以我就想了所有办法，把高中三年上成了两年，拿了毕业证欢天喜地地出国了。

现在好不容易把这一年给找补回来了，要是真回国，就前功尽弃了。这还不算，还得再搭进去一年，感情上我有点接受不了。所以我想来想去，就觉得我遇到大麻烦了。我本来就不太明白我前面的路是怎么样的，就是摸着黑走，走着走着发现我好像在爬山。山很陡，路又很黑，还时不时地冒出几个小妖怪来给我捣乱，我一下就觉得走不下去了。可是想往后退也不行了，尽管我老觉得我那条退路特别吸引人，可是毕竟操作起来太困难了，而且成本太高。

考试周完了之后，我大概把自己在蓝楼那个房间里关了一个星期。每天就在想这些事情，想来想去，没完没了。我的失眠也越来越严重，从早上三四点变成了下午三四点，想睡个觉特别困难。好不容易睡着了，一会儿就醒。我一睁眼，还盼着夜里十二点了，结果一看，我 ×，才睡了一个小时。我很难把那段时间我的精神状态形容得很恰当，就是很迷茫，满脑子想的都是往哪儿走往哪儿走，根本没心思琢磨别的。

其实这会儿，有个特重要的别的事情需要我考虑，但是我居然完全给忘了。我之前跟你说过吧，我决定搬个地方住，所以我早就都已经通知过房屋公司了。也就是说，3 月 1 号之前，我得从蓝楼搬出去。

但是我每天光顾着想往哪儿走，就把我到底应该上哪儿住这事儿给耽搁了。等我反应过来，都 2 月份了，还剩不到四个礼拜，我就又没地方住了。我其实以为我在意识到这个情况的时候会崩溃的，结果还真行，特别淡定，我继续把自己往蓝楼那个屋里一关，一关就又一个星期。

你可能看到这段，觉得有点乱。我可以理解，说实在的，我也觉得写得很乱。因为我都不知道我当时是怎么回事，也不知道自己当时在做什么。那个状态，我后来给人讲过，那人问我，那阵是不是挺想死的？我说去你大爷的，要这么就想死，那还是我么？结果人家看了我两眼，说瞧你那个样，就知道你挺经折腾的。其实说这话的时候，我刚上阎王爷门口逛了一圈回来，不过那是后话了。

14. 想换专业换房子，彷徨中

我在蓝楼关了两个星期吧，我完全不知道，当时如果继续关下去，会是个什么结果。我后来想，我当时会有那种状态，可能真的和我从小没吃过什么苦有关系。我遇到的所谓麻烦，其实说穿了很简单，就是所学的专业不适合自己而已。不适合就换一个呗，不是什么天塌下来的事。反正我当时一下人就没精神了，然后就把自己关起来装颓废，挺没劲的。当然了，我那段时间也确实太闲，除了上课就没别的正经事做，只能整天胡思乱想。所以我总结了一下，那个状态，大体上可以用吃饱了撑的来形容。

我那会儿在荷兰朋友不多，关系好一点的几个都在忙着自己的事情，所以也没人关心到我的反常。乐乐忙着建筑自己的爱巢，准备结婚；小程当时跟我已经走得很近了，但是她回国要玩儿几天；还有六六，他恨不得天天都去打工。当我关着门过了两个礼拜，准备开始第三个礼拜这种关着门胡思乱想的日子的时候，小程从国内回来了。刚一下飞机，她马上就给我打了一个电话，说她从国内带了好多零食，让我快去。我其实是有一点诧异我的反应的，因为我当时就很平静的“哦”了一声，说我不太想出门。你如果跟我吃过饭，就知道我在面对吃的时候，这么冷静，是有多么得反常了。小程也觉得不太对，问我：“你怎么了？”我说：“我不想出门。”

小程连自己家都没回，直接提着行李来蓝楼了。她一看我，马上就说：“你这个不对劲啊，快一点从屋子里面出来啦。不然再过几个月，就要找人来你屋子里面给你收尸啦。”我很冷静，我说：“别瞎说，我才舍不得死呢。我现在就是有点彷徨，彷徨个两天我就出来。再说了，我能关个把月么？下个月我就没地方住了。”小程斜着眼看了看我，她那个眼神，我觉得挺恐怖的。但是据她自己描述，她的眼睛里，有一种悲天悯人的情怀。她说：“这样吧，我带了好多吃的，你跟我一起回去，我们好好吃一顿。”我想想，虽然还是不想出门，但是被她这么一说，我也真有点饿了。而且我看见她行李里的东西了，全是什么牛肉干泡椒凤爪之类的，挺吸引我的。我相信有这些东西在，她应该不会又给我弄可乐鸡翅吃了。我点点头，高高兴兴的被小程带着出了门，准备去大吃一顿。

15. 因为小程，租到新房子

在我想明白自己并不适合做一个商人这件事以后，在蓝楼的房间里发了两个星期的呆。这段时间也有点巧了，学校考完试放两个星期的假，我的朋友们又都各自在忙，所以也没人发现我不太正常。等到了第三个星期开始的时候，小程从国内玩儿了后回来了。她下了飞机，马上就打电话给我，说是带了好多零食，让我快去。我接着电话，好像是没有什么反应，这把小程给吓得够呛。她从机场回到格罗宁根，甚至没回家，直接拖着她的大行李来了蓝楼。她一下就把我从屋里给揪出来了，带着我一起回了她的家。

我跟着小程一路走回了她家。她当时住的离蓝楼也不远，我们一起拖着她的大行李，走了半个小时的样子。我关了那么多天，一见着她，人来疯突然就上来了，一路上就把我闭门不出的两个礼拜里，想出来的心得体会给她说了。她都没什么反应。到了小程家门口，她才慢吞吞地说："哎呀，你先不要说啦，我们先把我的行李想办法弄到我房间里去啦。"

小程家我之前来过，是一栋三层小楼，除了小程，还住了另外两个男生。小楼底层是一个小的衣帽间和玄关，一个旋转的楼梯上去一层，是厨房洗手间和客厅，还有就是小程住的房间。二层上还有两个房间和浴室。我瞅瞅那楼梯，又瞟瞟小程那个行李箱。那玩意儿大得吓死人，我都纳闷这尺寸的东西是怎么能顺利托运上飞机的。我手插在兜里，耸了耸肩，说："我肯定搬不动。"小程叹了口气，说："你还真的好没用啊。"

说来真挺幸运的，和小程合租的一个男生在家。小程就把他从屋里叫了出来，请他帮忙把那个大行李给弄进屋里去了。他弄完了，拍了拍手，反手插着腰，说："小程啊，我下个月要回国了，你看有没有熟人，想租我楼上那个房间的？房东让我帮他问问看。" 还没等小程反应呢，我一跳老高，说："我租我租！"这事儿太幸运了，也太巧合了。那个男生就大概跟我讲了一下价格和条件，我觉得都可以接受，然后他就带我上楼去看了看那个房间。房间门一开，我激动得差点扑进去。房间不大，但是整齐干净，铺着素色的地毯，两扇朝东向的窗户，挂着藏蓝色的窗帘。窗边摆着一张巨大的双人床，看得我心里这个痒痒。我说过，我睡觉特别不老实，一不留神就会从蓝楼那个小单人床上掉下来，所以我看到这种可以随便滚的大床，那个喜悦的心情可想而知。那个男生说："这个房间里的家具，床是房东提供的，其他都是我自己买的，你需要的话，我可以把他们卖给你。"我说好，然后就谈了一个还比较合理的价格。这会儿我心情简直好得没法再好了。

我心情一好，就觉得自己饿了，因为我这两个星期光顾着瞎琢磨了，也没怎么正经吃饭。我就大手一挥，对小程说："亲爱的涵涵，你太可爱了，我现在爱你爱得死去活来的。走走走，我请你出去吃饭。"我说这话，真的是因为太高兴了。而且我真的很感激小程，要不是她把我从蓝楼给弄出来，我都不知道蓝楼的合同到期以后上哪儿住去。小程看了我一眼，说："好。"

小程说"好"的时候，眼神有一点奇怪，我当时没有多想，后来才发现她误会我了。

16. 她对我说："我喜欢男人。"

我的房子问题解决了，我真的是挺高兴的，很兴奋地准备收拾东西搬家。当然了，那几天还有一件更让我兴奋的事，是情人节要到了。

呵呵，我当时毕竟是双十好年华的青春少女嘛，又孤身一人背井离乡，难免的。当时跟我同一年到荷兰的中国新生里面，除了几个硕士，还有一些读语言班的，全都比我年纪大。过了半年，来的时候单身的，都已经在开始很幸福地恋爱了。结果这一批中国人里面，只剩下我和小程这两个新来读大一的单着。别说裙下之臣了，连个来问我电话号码的男孩子我都没碰上，这事儿搞得我原本满满的自信都有点开始流失了。离情人节其实还有个两天呢，我就开始小兴奋了，很期待有人来约我，向我表白一下爱意什么的。结果盼来盼去，都情人节那天下午了，眼瞧着天要黑了，我的电话连响也没响半下，约我的男孩子不知道迷路去哪儿了。我望见窗外的街灯，一盏一盏地醒过来，忽闪着眼睛，打着哈欠准备开工。"云中谁寄锦书来？雁字回时，月满西楼。"我这可倒好，良辰美景，双十年华，眼巴巴地等人来约我也等不来，一想我就浑身不自在。为了避免我又关起门来瞎琢磨，把自己弄得更不痛快，我就抄起电话来，打给小程。我说："小程啊，你情人节怎么过啊？"她那边的声音也有点失落，但是她表现得很平静，说："我在等人约我。"我一听就有点平衡了，心想也不是我一个在这苦等着我那还在迷路的多情郎，就说：“那你等着我，我上你家，咱俩好好过个情人节。”小程的声音很奇怪，好像有一点颤抖，她说：“好。”

我趁着超市还没关门，买了一大堆吃的，还买了瓶打折的红酒，骑着车就冲到小程家了。我上了楼，把东西拎进厨房一看，地上堆着四五个大塑料袋，满满当当的，全是好吃的。我一看就乐了，问小程：“你在家屯粮啊？”她耸了耸肩，有点失落，说：“我是想啦，如果到晚上还没有人来约我，我就自己好好地大吃一顿啦，自己跟自己烛光晚餐啦。”同病相怜，我心里笑了一下。

就这样，我和小程两个各自期待着真情告白的寂寞少女，撸胳膊挽袖子的在厨房里捣鼓出了一大桌子菜，化悲痛为食量，暴饮暴食。她盘腿坐床上，我蜷在沙发里，场面很沉默，也很壮观，因为我们俩都抱着锅，小程抱的还是那种双耳大黑铁锅。

我正闷头剥油闷虾的壳呢，就听小程清了清嗓子，低声说道：“王淼，我跟你说一件事情。”这其实有点怪，因为小程那个时候都会喊我小王，很少会这么郑重其事地叫我名字。我满手的油，头都没抬，就说：“你说你说。”小程又清了清嗓子，她说：“你抬起头来看着我，听我仔细跟你说。”我真的就奇怪了，拿油手推了一下眼镜，一看小程那个表情，特别的严肃。我平时看惯了她那个像弥勒佛一样的笑眯眯的圆脸，这么一严肃还有点吓人。我把锅就给放地上了，拿了张湿纸巾擦了擦手，示意她继续。

小程撅了一下嘴，又眨了眨眼睛，把她手里的锅也放下了。她的声音还和平时一样，糯糯软软的，可是语气是那样不容分说的利落，她说：“这个事情，我必须现在跟你讲明白。再过几天，你就要搬到我这里来住了，我不能到时候再那样对你。”我说：“你怎么啦？”小程没理我，继续道：“我怕等你搬过来以后会受不了，对你对我都不好。”我都毛了，心说我 ×，不会是这房子闹鬼吧？我一拍大腿，说：“我 ×，你不要吓我，我都不敢住进来了。”小程还是没理我，她把头转过去了，说道：“我是想现在给你说明白，不然我们以后每天朝夕相对，距离太近了。我倒没什么，就怕你越陷越深，等到时候就太伤你了。”我真的已经很不耐烦了，我说：“你到底想说什么，痛快点。”小程转回头来，脸上做了好几个为难的表情，我觉得她都要哭出来了。她的话说得小心翼翼地，像是在做一场危机四伏的手术，错上半分，手术台上的人便会魂飞魄散那样的小心。她说：“我知道你是个好姑娘，是个值得爱的好姑娘。但是，我想跟你说，我喜欢男人。”

我当时的崩溃程度，简直无法用语言形容。我在情人节这种时候约小程，她明显是误会我不顾性别，爱上她了。我简直要哭了，心想大姐啊，我不就看咱同病相怜嘛，咱一起吃个饭能咋个啊，你就这么误会我，我的个神上帝以及老天爷啊！我一看她那个特别严肃的表情，突然就冒出了一点玩世不恭的情绪来，特别想逗逗她。我就做了一个偶像剧男二号的标准表情，笑了一下，说：“没关系，我其实也不是很在乎你到底喜欢男的还是喜欢女的。”小程的脸本来是圆圆的，肉很紧致的膨胀着贴在脸颊上，像个鼹鼠，这一下她就崩溃了，那两团肉唰啦就耷拉下来，圆脸都变长脸了。她也不说话，咬着嘴唇望着我，不知道她在想什么。我看她那个视死如归的表情，恐怕是在等着我接下来开始对她讲述我心中的绵绵情意了。我心里想，我都没跟我喜欢的那个哥哥说过呢，能跟你说么我？我苦笑了一下，说："小程啊，我真是不在乎你到底喜欢男的还是女的，因为啊……"我坏笑了一下，继续道："我也喜欢男的。"

17. 涵涵发脾气

小程长得圆圆的，白白的，笑眯眯的。小程的脾气好得惊人，很多事情，旁人都忍不住了，她都还是笑眯眯的，心平气和的。甚至有朋友跟我说过，他特别好奇，小程那张像弥勒佛一样的圆脸发脾气会是什么样，想象一下都觉得会很好玩儿。我也挺荣幸，见识过一次小程发脾气，没有想象中那么好玩儿。我后来碰到过很多脾气不好的人发脾气，最绝的一次是我目击一个大哥大吼大叫着砸东西，手里还耍菜刀，那个才叫好玩儿呢。那年情人节，小程就发脾气了。她发脾气，跟她平时也没多大区别，她也不会跳起来或者又吼又叫的，就是在那很平静地坐着，只不过看起来很严肃而已。我能理解她会生气对我发脾气，因为我确实对她说了一些很容易让人误会的话。碰巧的是，小程极其善良，所以她会为我担忧，害怕会不经意间伤害我。她那么小心谨慎，结果发现我是在开玩笑，换了你也一样会跟我发脾气的。

但是真正惹恼小程的，其实并不是这件事情本身。她的愤怒，根本来源于我处理这件事情的态度。我完全是没心没肺的样儿，耸了耸肩，对她说道："就是开个玩笑。"小程的脸很冷，她问我："你是只想跟我开个玩笑，还是你和任何人都这么开玩笑？"我觉得这简直是得理不让人了，我也开始毛，我说："你有完没完了，说了让你别当真，你还不依不饶的。"小程一句话就把我灭倒了，她问我："如果你现在站在你爱的人的面前，你还是那个嬉皮笑脸的样儿，你觉得他会怎么想？"要不我老为我们祖国的中小学教育系统感到深深的遗憾呢，小程这就是天生当班主任的料，我就不信天底下还能有咱们程老师弄不服帖的学生。可惜啊，她没有投身教育事业，真是屈才了。那天我本来是想犯浑的，结果愣让我们程老师三句话给说哭了，前后花了大概五分钟时间。

我哭哭啼啼地给小程讲了一遍我的初恋，换来的是她无情的奚落。我 16 岁那年夏天，情窦初开，爱上了一个人。我也想不起来我为什么会爱上他了，可能我自己也根本就没弄明白过。二八年华的少女，会为了很莫名的一些理由爱上一个人，好像也很正常。诚实地说，我当时有点自卑，因为我有大把青春痘，还是个平胸搓衣板。所以我真没勇气去告诉他，真的一点都没有。后来我高中毕业了，准备出国。我那几个知道我这点小心思的朋友就开始使劲地怂恿我去表白。我也同意他们说的话，先试试看。成了最好，不成也无所谓，反正我一路飞到八千公里以外去了，一点也不尴尬。其实我自己也有点不甘心，毕竟出了国就见不着了。所以我一咬牙，就真的去了。

你应该也能想象得到结果，我当然是被人家拒绝了，灰头土脸的。离开北京以后，我好像一次也没有再见过他了。其实每次回北京，即使有机会我也不愿意再去联系见面，因为我自己也根本不想再见他了，我也相信他都已经不记得还有我这么个人。我当然因为被拒绝而悲伤，但是更多的其实是后悔自己去告诉他那些话的时候，竟然是一副嬉皮笑脸的样子，就像是在说一个笑话那样。结果人家听完以后第一个反应是笑场，然后很无奈地挥了挥手，对我说："别闹了。"

"别闹了"，小程也是这个反应。她毫不留情地用一张幸灾乐祸的脸看着我，看得我越哭越伤心。我此后花了很长时间自责，因为小程说的话是对的，连我自己都还没学会严肃的去面对自己的爱情，我怎么还可能指望别人接受。小程对我说："你那个嬉皮笑脸的样儿，我觉得你都没资格说你爱他。"我同意她的说法，但是我想狡辩一下，我说："初恋的小朋友都是需要练习的，我栽这么一回，下回我就学会了。"小程撇撇嘴，对我表示了无语。我好像老毛病又犯了，歪在沙发里，拍着大腿对小程说："涵涵，我突然发现你还真是个不错的姑娘。哥哥我这就是没托生个男儿身，不然我头一个就娶你，谁都甭想拦着。"

18. 在中餐馆洗碗，听锅碗瓢盆进行曲

三月初的时候，我搬到了新家。那栋三层小楼，是我在荷兰最初的家。搬完家，乐乐就来找我，给我介绍个地方打工。她以前打工的一个地方正在招人，她看我一天到晚发呆，觉得我这么游手好

闲的也不是个事儿，就把我给叫去了。我自己多少也有这个感觉，因为我脑子容易乱，闲着没事做就爱乱想，有点危险。在荷兰的非欧盟国籍学生每周可以打工 10 小时，暑假期间可以每周 40 小时。我 18 岁，每小时的法定最低工资好像是 7 欧上下，如果我够勤劳，一年下来还是能赚不少钱的。我有点小兴奋，就到学校开了一些证明，带着证明和乐乐一起到那个餐馆去见工。那些学校开的证明，写着我是某某学校在读的大学生，勤工俭学之类的话，雇我的老板把这些手续和与我签的劳动合同一起上报给税务局就可以了。大概就是这么个流程，不过实际操作起来听说还挺麻烦的。

乐乐给我介绍的工作，是在一家中餐馆里洗碗。我们到的时候，是下午四点多，餐馆才刚开门。老板娘长得很瘦小，画着极浓的妆，两条胳膊抱在胸前打量了我半天，我感觉有点别扭。她普通话说得很差，要不是我跟着乐乐学过广东话，都听不懂她在说什么，她问我："以前有没有做过啦？"我很呆地回了一句："没有。" 还没等老板娘说什么，乐乐就把话接过去了，她笑眯眯地指着我，说："淼淼很聪明的啦，她在北京的时候读那个学校好出名的，人家很灵的哟。" 老板娘一点表情都没有，说："哦，那今天试一下。"

说真的，我至今觉得那个场景非常诡异。因为那个老板娘脸上的妆实在太浓了，目测光粉底就得有个两斤，加上那个餐馆的光线非常昏暗，以至于我觉得我这是要到花满楼上班了。老板娘带着我拐进了后厨，把我领到一个巨大的水池子前，甩了一条橡胶材质的围裙和一双胶皮手套给我。我笨手笨脚地把他们接过来套上，发现这东西其实挺沉的，那个围裙带子挂在我脖子上，我都得低着头。乐乐是陪我的，她麻利地将自己的长发绾成一个髻，钻进一套围裙和手套里，俏皮地冲着老板娘一笑，用广东话对她说：“这里我搞定。”

乐乐大概给我讲了讲我需要做的事情，听起来还挺简单，就是先把收进来的脏餐具分类，刀叉什么的直接扔进洗碗机，盘子碗里的食物残渣倒进垃圾桶里，然后用洗涤灵在热水里烫一遍，之后再扔进洗碗机。这听起来实在太简单了，慢悠悠地做起来也很简单，我真不觉得有什么问题。

大概六点钟，餐馆的人多起来了，另外一个打工的男孩子也来上班了，乐乐就拍拍那个男生的肩，交代了几句，让他照顾我一点，然后自己从围裙钻出来走了。我一看来洗碗的哥们儿，一下就乐了，这人我熟，以前在蓝楼住我斜对门，外号叫六六。在此之前我和六六还没有走得很近，所以我离开蓝楼，连彼此的联系方式都没留下。要不说俩人要是有缘分，怎么都能给凑的一块去呢。我都离开蓝楼了，又能跟六六在餐馆后厨碰上，这就是缘分啊。

六六又再给我讲了一遍该怎么做，但是他讲的内容比乐乐更有技术性，更注重技巧。比如手腕怎么用力能更轻松地抱起更高的一摞盘子啊，怎么能最有效地把赖在碗里的食物残渣以一条完美的抛物线甩进垃圾桶之类的。你可能会想了，真笨，这还用人教啊。说真的，我一开始也这么想，可是才过了半个小时，我就意识到这事情和我想象的不太一样。

我想这我需要给你解释一下了，洗碗本身确实不难，但是要高强度的连续好几个钟头不停地洗，洗成百上千个，就不那么容易了。你在家里可能天天洗碗，但是你家里才几口人啊，也就是老婆孩子，能用几个碗你说。就算是来人做客，我敢说你一次性也不可能洗超过 50 个。

餐馆可就不一样了，我打工的那个餐馆不算大，也就 30 张桌子，按每张桌子 4 个客人，最多同时可以容纳 120 人用餐。荷兰人吃饭是一道一道来，头盘正餐甜点。头盘和正餐一般是把食物用一个盘子装着，再给客人一个吃碟。甜点就直接拿装食物的盘子吃了。这样一个人一顿饭就至少要用 5 个盘子。有的客人胃口好，会点两个头盘；有的客人带了小孩子，会单独多要个空盘子拿给小孩子用；还有的客人特别爱干净，吃几口就会要求给他换一个干净的盘子，这样他吃着舒服。所以平均到每个人头上，咱们就保守估计，每个人得用 8 个盘子。餐馆的用餐高峰是 6 点半到 9 点，按照每桌客人用餐时间是 1 个小时来算，客人能轮换至少两遍，也就是 240 个客人。当然了，餐馆不可能天天生意爆满，我们再使劲保守一下，就算每天有 100 个客人来吃饭，这样的话，就是将近 1000 个盘子。还不算那些叉子勺子筷子，还什么刀枪剑戟斧钺钩叉之类乱七八糟的玩意儿。

怎么样？是不是一想就觉得挺爽的。我告诉你，这还是不忙的时候，忙起来三四千个盘子都是小意思。而且这还不是最爽的，最爽的是这好几千个盘子碗，就只有我和六六两个人洗。

我真的已经不记得那天具体是个什么情形了。我看着那些堆在我鼻子底下的脏盘子，感觉整个人都僵硬了。那么多盘子，别说洗了，我当时觉得我前面那十八年见过的盘子，加起来都没有那么多。所以当老板喊收工的时候，我简直想一把揪过六六来，然后一头栽他怀里去。

六六有一头乌黑柔顺的长发，他一听收工，就把手套给甩了，一只手扯掉了自己辫子上的发带，肆意的甩着头，缕缕青丝在我眼前舞动着。他脱了围裙，很认真地洗了手，不知从哪儿变出一瓶护手霜来，挤出来好多，很温柔的擦拭着自己骨节分明的双手。哥哥我都看呆了。六六看我盯着他，就转过脸来，轻声对我说："快换衣服，喝酒吃饭了。"说真的，我都没力气把那橡胶围裙从身上给弄下来了，那玩意儿缠了我半天，还是六六帮我从里面钻出来的。我抹着六六给我的护手霜，他倚着墙望着我，他问我："你行不行？"我其实不想张口就爆粗骂娘的，但是我没忍住，我说："我 ×，不行。"六六耸了耸肩，说道："唉，也对，女生干这个太苦了。"

我在后厨里闷了差不多 4 个小时，干那么重的体力活，都已经饿得前心贴后背了。厨房里吃饭，就只有一张很矮的小桌，摆在厨房的角落里，大家每人一个小板凳，说是坐着吃，其实就是蹲着吃。六六蹲在我边上，抱着盘子吃得特别香，他那个侧脸，我跟你说，那男性魅力真的，没法形容了。我蹲在那儿，望着大家吃饭，自己真的一口都吃不下去，不知道为什么。我记得我蹲在那儿喝啤酒，冰凉的啤酒。这是餐馆里的规矩，收工的时候后厨里每人一杯。我一边喝心里还一边感慨："休对故人思故国，且将新火试新茶，诗酒趁年华。”现在想起来，好像我那样还挺矫情的。

19. 在旧船上开 Party

在格罗宁根的职业洗碗生涯持续了三个多月，这给我留下了点后遗症——我看不得脏的锅碗瓢盆刀叉勺筷，只要这些东西进入我的视线范围，我就情不自禁想把他们给洗干净。就最近一年多，这个毛病有所缓解，因为家里装了一个逼格奇高的德国产洗碗机，我不使劲地让洗碗机运转就觉得亏，所以自己很少动手了。但是我还是不喜欢去宜家餐厅吃饭，看了那个放用过的脏餐具的架子，我晚上会做噩梦的。

那段时间我一般周四到周六三天做洗碗工，晚上 5 点开工，狂洗四五个钟头的盘子，晚上 10 点左右收工。当时我到荷兰大半年了，晚上 6 点以后几乎没有出过门。主要是因为天气太冷。荷兰纬度很高，格罗宁根又在荷兰的最北端，纬度跟内蒙古呼伦贝尔差不多。你可以随便找一个呼伦贝尔的同志问问，他们那儿三月份夜里站在大街上是什么感觉。当然了，荷兰临海，所以温度上真拼不过咱彪悍的呼伦贝尔草原，不过没关系，温度上的差距，荷兰可以用狂风暴雪来弥补。气温零度左右狂风大作，顺带再给你淋个精湿，一样过瘾。说真的，要不是不能睡在餐馆的后厨里，我真不想晚上出门。 我打工的餐馆在格罗宁根的市中心，走出去大概 50 米，拐个弯就进到一条窄街里面，那条窄街里全都是酒吧。这条街白天很安静，到了晚上七八点，开始陆续有人来，到了晚上 10 点多我收工路过，这条街就真正热闹起来。格罗宁根是个大学城，据说这个城市里有四成的居民是学生。荷兰学生非常常见的生活模式，是周一到周四每天老老实实上课，周四晚上开始连续三天，每晚出去狂欢，通宵喝酒，个别同学眉来眼去一番之后还会再搞个一夜情什么的。我们学校几乎从来不安排周五的课，因为格罗宁根的绝大多数酒吧，都在周四夜里有专门针对大学生的 happy hour，好像是夜里 12 点以后酒精饮料一律半价。酒吧们来这么一手，你就自己想象一下吧，当老师的怎么还能指望这群没出息的货第二天出现在教室里。

现在想起来，那段日子我好像很敏感。我骑车经过那些酒吧，一整条街全都是莺声燕语，满园春色关都关不住。这个时间上多少有一点巧合。我的那些荷兰同学们晚上狂欢，我晚上卖苦力；我累得要死了一身油腻脏乎乎的就想洗个热水澡，我的那些荷兰同学正打扮得花枝招展去风流快活。那种感觉有点像失恋的人逛八大胡同，满眼的温香软玉，哥哥我也是双十年华血气方刚，能不动心想进去纵情声色一把么。

所以我那天领到工资，第一个反应就是打电话把小程从家里给叫出来了。我本来是撸胳膊挽袖子的想请她去酒吧喝一杯的，结果酒没喝，我们却在 KFC 吃了一顿。说来也奇怪，荷兰的麦当劳少，KFC 更少，我都好几年没吃过了。那会儿格罗宁根才刚开了一家 KFC，好像至今整个荷兰北部也就那么一家。我们两个那天晚上好像吃了一个全家桶，虽然我已经蹲在后厨的麻将桌上吃了一大盆饭了，但是我还是觉得胃里空得慌。

吃完全家桶，我和小程冒着凄风苦雨骑车回家。KFC 开在一个很偏僻的地方，几乎是格罗宁根的南郊，我们骑车回家要将近一个小时。骑到三分之一我就崩溃了，真骑不动了，太累了。我们两个商量了一下，小程出的主意，她查过邮件，我们有个同学这天晚上在家里开 Party，给全班发了邀请。既然如此，我们可以先去那个同学家里参加 Party，一来有个暖和地方休息休息，二来我疯够了也能老实点跟她乖乖回家了。呵呵，要不说我们程老师了解我呢，我拍拍她的肩膀，表示了同意。我这个同学开 Party 的地方，或者说他住的地方，还真的是挺有特色的。他住在一条旧船上。格罗宁根被一条运河纵穿，运河两边的景致相当不错，有着浓郁的欧陆风情。景致好自然就有人想住在这好景致里，有的人会花大价钱买河岸边的豪华住宅，还有人干脆造一艘豪华大船，装修得金碧辉煌，然后住在船里，这两种都属于有钱人，住在水上是为了享受。但是我们这个兄弟的那条船，是别人废弃不要了的，不知道他从哪儿给弄来了，然后花了特别便宜的一个价钱租了一个停泊位，天天就睡在里面。换句话说，他住在船里，仅仅就只是为了省钱。

我和小程上了那条船，都愣了。那个居住环境真的是，我都不知道怎么形容。那叫一个破，那叫一个乱套，那叫一个不忍直视。船舱里还稍微暖和点，但是根本不能直立行走，必须弯着腰，还有一股袜子味。甲板上倒是想怎么直立怎么直立，但是没有任何取暖和防雨设备，就是露天。我想了一下，还是暖和点好，就老老实实和小程两个人躲在船舱里，看着外面甲板上一群人裹得跟个肉粽子似的在那儿疯。我冲小程笑了一下，说道：“小程，这兄弟真是神人，能忍得了这狗屁地方，要我早跳河了。”小程皱着眉，说：“你看他跳舞跳得那么 high，好像很高兴啊。”可不是么，别说住船上开 Party 这位了，我们班里二十来个人，几乎全聚在这条船的甲板上了，全都在那儿随着那个闹哄哄的舞曲跳舞喝酒，好像除了我跟小程在那儿发呆，全都挺 high。我想了想，对小程说：“咱们换个地方吧。”小程苦笑了一下，说：“酒吧和这里原则上是一样的，都是狂欢 Party。”我点了点头，说：“那算了，咱们回家吧。”小程也点了点头，拍着肚子，一副孺子可教的表情，心满意足地说：“好。”从上船到我们决定回家，前后总计不到 10 分钟。

甲板上音乐放得太吵了，分贝肯定上三位数了。我冲着组织了这个 Party 的船屋兄弟吼：“我来很想多待一会儿的，但是我刚刚洗了几千个盘子，真的坚持不住了，我必须回家休息了。”哥们儿手里拎着啤酒瓶子，脑袋脖子随着舞曲的节奏一甩一甩的，我觉得他根本没听清楚我说什么，我也没听清楚他跟我说了什么。我心里想，哥们儿，狂欢 Party 这项艰巨的革命任务，还是交给你们去做吧，看来我确实是不适合这种娱乐方式。

我很老实地回家洗了个热水澡，躺在床上看苏东坡，看着看着就流着哈喇子抱着东坡睡着了。过了几天，我在学校里见到那个住在船上的哥们儿，他脸色很难看。我跟他没那么熟，也不太好意思直接问他，就跟另外几个同学八卦了一下。原来那天夜里 1 点多，他们大家玩得正起劲，突然就觉得不对劲，好像船在往下沉似的。

船的主人已经喝得烂醉了，但还是成功从船舱里抢救出了一台笔记本电脑，一个手机和几十欧元的现金。虽然他拼尽全部努力想要保护抢救革命财产，那艘船还是沉了。不过这哥们儿也算是福星高照了，尽管几乎所有人都已经喝得烂醉，这次沉船并没有造成任何人员伤亡。

又过了一段时间，我再见到他，发现这个哥们儿的脸色变得更难看了。我又四下打听了一下，听说他试图向保险公司索赔。按照惯例，保险公司进行了一些调查工作，发现那天沉船的时候，船上竟然有二十多个人，而这艘船只能承受 8 个人的重量。保险公司因此拒绝理赔，哥们儿遭受了巨大的经济损失，因此更加抑郁。不过我相信这哥们儿肯定还是想出办法了，不然他能整天打扮得人模狗样的么。

20. 换学校换专业：北京文科生—格罗宁根商科生—埃因霍温工科生

我最近有点忙。一个是我正在做的这个项目牵扯到很多嵌入式方面的东西，这个我不熟，好多东西要学。而且我 10 月份还有个甲骨文的考试，当一个甲骨文认证的软件工程师，我觉得这是对我职业身份的一种认同。这个甲骨文的开发者认证，我已经拿下两个了，现在到了第三个，难度明显上来了，我真是需要时间好好准备。

我以前是个文科生，我要是在北京上大学，肯定选那种连数学课都没有的专业。我这么个彻头彻尾的文科生，居然做了工程师，别说你觉得挺意外，我自己都觉得这事情挺不可思议的。

我出国的时候一开始读的是商科，这一年商学院上下来，我感觉这东西本身其实是很有意思的，但是真的需要天赋，很可惜，我并不具备这种天赋。我当时做的事情，其实可以翻译成一句父母长辈喜欢说的话，那就是“这是走弯路啊”。好像我从小受到的教育，本质上都可以总结成一句话，就是尽量不要走弯路，路越直越好。在我印象里，我所受到的基础教育是带保护性的，老师们教给我的，就是每一件特定的事情，都有一个特定的处理模式，照着做就好，不然就会出错，容易走到弯路上去。

这个看起来很理想化的教育理念，我认为是非常科学的，因为两点之间确实是直线最短，你一条直线下去，肯定比你绕弯弯方便。但是这个事情，操作起来其实是很困难的。因为我是个凡夫俗子，没有高瞻远瞩的伟大预见力，我真看不清楚前面哪一条是康庄大道，哪一条是弯弯窄径。我得走走试试才知道，毕竟我家里没有个卧龙先生能帮我未卜先知。我读的那一年是商学院，在我当时看来是走了一段弯路，不过这段弯路把我引到后面的路上去了，不能不说是命运的眷顾。

大一读了一半，学校安排我们一个个地去和老师谈谈。这个谈话大体上挺简单的，有点像走过场。总结一下上半年，再规划展望一下未来什么的。当时跟我谈的，是教统计的加拿大阿姨。有点巧，她和我高一时候的班主任长得特别像。她俩岁数差不多的样子，都是精瘦精瘦跟麻秆儿似的，头发烫得蓬蓬的，打扮也有点相似，什么颜色放她身上都显得特别艳，就算她穿一身黑，那个黑色也能显得比边上的粉色还明媚，老远看过去一片灿烂。

这个加拿大阿姨，我不记得她的名字了，但是我记得她的声音。她在魁北克出生长大，母语是法语，口音那叫一个重。她教的那门统计，是好多中国学生的噩梦，中国学生平均要补考这门课两次，甚至还有人因为她的课过不了而无法按时毕业。说真的，我老怀疑好多中国学生被她的课折磨得很痛苦，主要是因为听不懂她在说什么。我学过法语，虽然很快就给忘了个精光，但是那个发音规则我摸得很清楚，所以我跟她沟通一点问题都没有。这个加拿大阿姨，观察力真的是很惊人。我不太知道她是从哪儿看出来的，但是她确实很敏锐地注意到我在这个商学院里就是熬日子的一个态度，我不喜欢这里，最要命的是我更不适合这里。话说回来，我们这个加拿大阿姨和我当初的班主任阿秋还真是很像的，她们两个都喜欢讲非常有导向性的话。她俩在互不相识的情况下，各自对我的人生轨迹，造成了方向性的转折。这个共同作用的结果，就是把我一个想上中文系的文科生给忽悠到欧洲来当工程师了。不过说起来，这个加拿大阿姨好像性格比阿秋内敛一点，不会像阿秋说话那么简单明了。她喜欢讲故事，然后让我自己琢磨。

阿姨当时给我举了几个我身边同学的例子。比如某德国妹子，高中毕业以后就全球旅行，旅行了三四年发现自己实在太穷了，就去打零工。打了一年多的零工，妹子又发现自己已经准备好接受高等教育了，就颠颠地跑来上大学了。那妹子 25 岁才上大一，等她大学毕业都快 30 了，我很纳闷如果在北京，有哪个用人单位会要她一个 30 岁的应届本科毕业生。还有个小哥，来这里之前已经换了两所大学了，前面两个专业他都觉得不适合自己，没有兴趣，换到现在才觉得自己能接受，准备老老实实地四年读下去。这兄弟，要是放在北京得复读两年，高考三次，再有自虐倾向的人估计也不愿意干这个。

加拿大阿姨当时说的这些话，听起来有点像自己给自己拆台。她给我讲这些不着调的同学的光荣事迹，其实是想劝我放弃做这些不适合我自己的事情，而且意识到一件事情不适合自己，本身也是一种收获。

就这样，我被加拿大阿姨给说动了，和父母视频聊天的时候，就把她的话转述给了他们。我明显感觉他们很不放心，只不过他们不想说出来而已。我当然花了很多时间研究比较学校和专业，花了很多精力去准备需要的手续和资料，还有在新的城市找住处之类的，但是那些太烦琐了，我不觉得你会有兴趣愿意听。总而言之，我从商学院退了学，从荷兰最北的格罗宁根搬家到了南部的埃因霍温（Eindhoven），换了学校，换了专业，变成了一个工科生。这还真有意思，一个地方一个身份，在北京是文科生，在格罗宁根是商科生，等到了埃因霍温又变成工科生了，跨度有点大。

现在回想起来，我在决定转读工科的时候，其实是抱着赌一把的心态的，我现在也真不想骗你说我当时就那么有把握，认准了我这个文科脑子就能把工科给顺利地读下去。

我在荷兰这么多年，从来没去过赌场，因为我太清楚了，我骨子里就是个赌徒，所以骰子纸牌这种东西我沾不得，不然还不一定干出什么来。再说了，我都拿我自己唯一仅有的青春出来赌了，天底下哪儿找比这更过瘾的赌局去。如果把我在荷兰这八年算我堵的头一局，那格罗宁根这一年有点像开局不利，碰了一鼻子灰的感觉。不过没事，这才哪儿到哪儿，后面还有好多年呢。

21. 在乌特勒支过了个夏天

我现在应该已经讲完我在格罗宁根那一年的故事，如果按照一个讲究一点的节奏，接下去我该给你讲讲我在埃因霍温遇到的人和事了。但是我发现，当我回想起我离开格罗宁根之后，接下来紧接着发生的事情，才想起来在到达埃因霍温之前，我还在一个叫乌特勒支（Utrecht）的城市度过了一个夏天。那个夏天，我在乌特勒支遇到了一些人，他们于我都只是匆匆过客，但是当我忆起他们，他们每一个都是闪着光芒的。所以我决定把我遇到的他们写下来，我希望你会喜欢这些故事。

2008 年 7 月中旬，我和小程一起从格罗宁根退了学，离开了这个不适合我们的商学院。小程给自己选择的新去处，是乌特勒支的一所大学，她的新家自然也安在这个城市。因为我在埃因霍温的新住处要 9 月才能入住，所以我也和小程一起暂时搬到她的新家去了。小程的新家，是一栋三层楼房里的一个大房间，大概有 20 米，这栋楼里还住着来自北京的房东一家和另外两个留学生租客。

我在小程的房间里赖了十来天，有点住不下去了。我们两个人住在这个屋子里，却只付一个人的房租，是不太合适的。房东阿姨对此根本毫不计较，不代表我这么做是对的。到了 7 月底，我实在忍不住了，就跟阿姨打听消息，想找个地方暂时搬去住一个月。

阿姨的人缘好，靠得住的朋友很多，过了两天我就拿到了一个房子的地址。这房子是一个一室一厅的小公寓，在一条挺热闹的街上。房东是个开餐馆的老板，人称雷雷，前些年买了不少房子，这个是其中之一。我一开始是想拒绝的，租一个中年男人的房子，听起来好像有点没底。但是阿姨说雷雷这个人特别特别好，极其够朋友，做事情绝对光明磊落，非常靠得住。这些天接触下来，我还真是很信任阿姨的，她信得过的这人，应该也不会有错。我想了想，就跟房东约了一大早，准备先看看情况再说。

话说回来，雷雷放租的公寓还真的是挺不错的，装修得比较讲究，家具什么的都有，还挺干净。但是明显这里已经空了很久，需要有人进来住一住，给房子添点人气，不然都要成鬼屋了。我想这也是雷雷之所以同意让我暂时住进来的原因，房租收得还那么便宜，与其说是我租他的房子，还不如说是他雇我来看他这间空屋子的。话虽如此，我还是有点别扭。雷雷说得清楚，这个公寓就是空着，他自己根本不会到这边来。而且阿姨也说过，这人靠得住很值得放心。想来想去的，我咬咬牙也就决定租了，然后心里盘算着，晚上睡觉要把门反锁，钥匙插在门洞里，那样的话，从外面应该打不开。

我和雷雷签了个合同，他带着我一起拿着这个合同到市政厅去备案，这样租约就有法律效应了。从市政厅出来，雷雷又开车带我去了个卖装修建材的地方，在那掏钱买了一把很贵的锁芯，还是一句话没说就又开车带着我回了我要搬进去的公寓。他让我在外面的走廊里站着看，自己把公寓大门上原来的锁拆下来，换成新买的。新锁装完以后，雷雷抬了一下头，还是一点表情都没有，说道："旧锁很老了，不安全。这个新的好。"

雷雷说着，就把钥匙递给了我。我接过来一看，一共四把，我的第一反应是自己留一把钥匙，剩下的给雷雷。因为这个新的锁，只配了四把钥匙，我只需要一把就够了。雷雷有点不耐烦，说："你留着，你留着。"我觉得这事挺逗的，心说拜托了大哥，你是这房子的房东，连房子的钥匙都没有，不太合适吧。我把钥匙递过去了，说："这房子是你的，你没有钥匙进不了门。"雷雷的脸色很难看，好像很想把事情说明白，但是又笨嘴拙舌地说不清楚的感觉，他就使劲地冲我甩手，一边甩手一边说："你女孩子，女孩子一个人住，钥匙怎么能给别人啦。不安心啦，不要不要啦。"雷雷说完，看我就愣愣地盯着他，可能也不好意思了，很扭捏地冲我笑了一下。当时好像已经是下午了吧，大半天下来，雷雷就冲我笑了这么一次，真就这么一次。我觉得雷雷那个笑容，带了一点男神的感觉。

男神是什么呢，《白石郎曲》有云："积石如玉，列松如翠"，这听起来好像很风月。你看雷雷，长得跟这个描写，那可真是一点关系都没有。雷雷四十来岁，长得比较矮，目测不超过一米六，穿个破背心，略微秃顶，还有个啤酒肚，看着还真的是挺一般的。风度翩翩这种词，真不能用来形容他。男神好像还应该谈吐文雅，经纶满腹，很抱歉，雷雷自己说的，他只读过小学，因为他小时候家里实在太穷太穷了。你要问他“床前明月光”的下半句，他可能真的以为李白写的就是“地上鞋两双”呢。

我后来从雷雷的房子里搬走以后，和他几乎没有再联系过，但是我很欣赏这个人。我觉得他骨子里，是个男神。因为他把房子租给了一个单身女孩子，为了让这个女孩子住得安心一点，他给这个房子装了一把新的锁，自己一把钥匙都不留。你看，男神于我，根本无关风月，欣赏即可。

那年暑假我是真的没什么事情做，整天瞎逛。雷雷是开餐馆的，我也就经常过去吃饭，还爱跟餐馆里的师傅凑在一起打扑克吹牛 × 什么的，一想起来真是很有意思。这么一说，我又想起一个人来，这哥们儿也是个神人。我先睡一觉，睡醒了再给你讲。

22. 王老板的爱情传奇

2008 年 8 月，北京举办了第 29 届夏季奥运会。可是那年夏天，我居然不在北京。我记得快要开幕式那几天，我爹娘还在逗我，说：“哎呀，现在赶紧飞回来还来得及哟，带你去现场看哟，就在家门口哟。”我就苦笑了一下，说来不及了，全世界现在都在拼命地往北京飞，那机票价格飚的，看看我都觉得眼睛疼。

我的房东雷雷在开幕式前一天给我打电话，喊我去他餐馆，大家一起喝酒吃东西看开幕式。雷雷的餐馆为此特地停业了一天，准备了好多吃的，什么生蚝龙虾全摆上了，像过节一样。而且还搞了个超大液晶，配了专业投影设备，说是这样看着过瘾。

开幕式真的很过瘾，太过瘾了。其实2007年的时候，鸟巢的大体结构其实都已经出来了，我出国前还真的去看过这个。但是当我在电视里再看到这里，看到那样波澜壮阔的一幕幕呈现在我眼前的时候，我真的觉得这太伟大了。尤其是从那种超大的液晶电视屏上面看，实在太让人心潮澎湃了。我觉得我情绪都已经很激动了，但是我一看周围，从雷雷到厨师，七八个人，全都比我激动。我记得有一位头发花白的师父，手里攥着啤酒瓶，他哆里哆嗦的，说他觉得特别骄傲，尽管他法律上的身份是荷兰公民，但他说他永远是个中国人，他为自己的强大祖国而感到自豪，说着他都快哭出来了。这位师傅在荷兰已经待了三十几年了，他十几岁就出国做劳工讨生活，那些年他因为一张中国人的面孔而受过的白眼和不公，多到难以想象。祖国的繁荣强大，使他感觉无限自豪欣喜，于他如此，于每一个海外游子，皆是如此。

看完开幕式才傍晚，因为我们和北京有六个小时的时差。反正餐馆也是暂停营业一天，大家没什么事情，就接着一起吃吃喝喝的聊天。大家情绪都特别高，越聊越起劲，也就开始吹牛 × 了。雷雷不喝酒的时候就特别羞涩安静，一喝酒马上就变身油嘴滑舌韦小宝，他大着舌头给大家介绍我，说小王是大学生，怎么怎么有文化。

这时候马上就有个人说话了，说：“哎，我也是大学生。”这个哥们儿，也确实是大学生，尽管他一开始并不是为了读书而来到荷兰。这哥们儿姓王，人称王老板，我们俩五百年前还是一家人呢。这话不是我说的，是王老板说的。说真的，我对王老板第一印象是真的不太好，觉得这人也太自来熟了。你说你要是姓一个特别奇怪的姓，天底下除了你爹和你儿子，就没见过跟你同姓的，一见面扑上去认本家我也就不说你什么了。全中国据说有一亿个姓王的，你搞什么“五百年前一家人”就不太合适了。

王老板很健谈，他特别兴冲冲地给我看照片，照片上是一个抱着孩子的女人，母子两个都很幸福地笑着。我说：“王老板你还真有福气，想不到你老婆长得这么漂亮。”王老板摸着后脑勺，说：“我13岁就认识我老婆了，她那会儿还小，容易骗。”他扭捏了一下，又说：“其实我跟她还没结婚呢。”现在想起来，我当时看王老板的眼神，好像一下就变得有点奇怪。因为照片上的男孩，看上去都该上小学的样子了。孩子都那么大了，王老板居然都还没娶孩子的妈过门，这真让我觉得他有点渣。王老板不好意思地搓了搓手，表情有点扭捏，但是语气慷慨激昂地给我讲了他和孩子他妈的故事。这故事，简直就是个传奇。

王老板和这个姑娘，初中的时候就在一起了，居然就还瞒了所有人好多年。也可能是因为大家都不相信他们两个人能走到一起去。因为王老板是典型的坏学生，但是这姑娘各方面都特别优秀，人见人夸的那种。到了考大学的时候，这事瞒不住了。姑娘的父母想让她去北京读大学，但是王老板根本考不上大学。如果去北京上大学，那么两个人就要分别四年，姑娘犹豫了。这么一犹豫，大家也就知道他们两个的事情了。大家当然全都反对，别说姑娘的父母坚决不同意，就连王老板自己的爹娘，都跟儿子说："你这就是耽误人家姑娘。"

王老板跟姑娘说，你去北京上大学吧，我在这里等着你回来。姑娘眼泪汪汪地坐上了去北京的火车，王老板在那个小县城里找了个售货员的工作，拼命攒钱，想着等姑娘毕了业回到家乡，他们就结婚。姑娘大学毕业的时候，王老板第一次去北京，结果一下火车他就改变主意了，他觉得这里太好了。于是他们留在了北京，王老板拼命想在这个繁华而拥挤的地方，让姑娘过上和这个城市一样美丽绚烂的生活。

他们在北京待了两年，王老板甚至没有一份像样的工作，生活完全是靠姑娘的收入来支撑。王老板的岳父岳母疯狂地反对这件事情，闹得不可开交。终于有一次，在被岳父指着鼻子臭骂之后，王老板崩溃了。他说他觉着不能再这么委屈自己的女人了，他想起偶尔看到的一个西欧国家聘请劳工的消息，那是 1998 年，国内和西欧的平均收入水平还是有不小差距的，所以他觉得这是个机会，能挣钱，能让姑娘过上好日子。

于是王老板来到了荷兰，开始了他的后厨生活，姑娘留在北京等他。王老板说，姑娘身边有很多非常优秀的小伙子，疯狂地追求她。他说自己倒不是不放心，就是想能够理直气壮地跟那些追求姑娘的人说，你们都看清楚了，爷比你们都配得上她。所以他在靠打工积攒了一些钱之后，做了两件事。一件事是从劳工身份转成了留学生身份，他要读书，要学习，要变成一个像姑娘一样富有知识的人。第二件事，是他仍然在餐馆打零工，但是他和餐馆老板商量，他的工资一部分用现金付，另一部分入股餐馆，将来他算是餐馆的小老板，他要分红。这也就是为什么他江湖人称王老板的原因。

说真的，我都听得有点崇拜这两个人了。我说："王老板，你这将来得写本书，跟你老婆一起写，就写你俩这些年的故事。书名我都给你想好了，叫《那些年，为了爱你，我做过的傻事》。"王老板点点头，说："让我老婆写，她以前当语文老师的。我不行，那年高考语文我就得了 20 分。"

我认识王老板的时候，他已经快要硕士毕业了，而且他还真的是几家餐馆的小股东，每年能分不少红。我听他讲着，听得目瞪口呆，我问他："你岳父岳母现在同意了么？"他笑得很灿烂，说："岳母还行，就是我岳父，不让我叫他爸，我一叫他爸他就大嘴巴抽我。但是我儿子一叫他姥爷，老头就乐得直流哈喇子。"王老板的儿子出生的时候，姑娘一个人在北京，她为此还把在北京的工作给丢了。你想想也是，一个年纪轻轻的单身女子，突然生了个孩子，连孩子他爹的人影都瞧不见，得有多少风言风语。姑娘只好带着孩子回了家乡，继续等他回来。

我打断他，说："王老板，你出国这么多年，敢情说到底是为了女人啊。"王老板点了根烟，吸了两口，眼皮都懒得甩我一下，盯着屏幕翻看着姑娘和儿子的照片，说："就是啊。我跟你说，我们那个地方又小又穷的，她嫁一个在国外有房有车有产业的人，特招人羡慕。”我一听就乐了，说：“大哥啊，拜托你了，她连儿子都给你生了，你说她还能在乎这个？”王老板显然不止一次被问过这个问题，连头也没回，而且有点不耐烦：“她当然不在乎，但是我在乎，我得让她特别风光地嫁给我。”他说着，又回过头来，拿下巴指了我一下，说：“反正她孩子都给我生了，我这辈子也跑不了了，肯定得娶她。我现在就是在使劲努力，就差那么一点了，等我这毕了业我就回去娶她，一分钟我都不耽误。”我想了想，说：“哦，懂了。”

我说懂了的时候，王老板扑哧一声乐了，脸上的表情特别欠扁，他说：“你懂个屁。”

23. 被逼学荷兰语

米儿很喜欢和姥姥姥爷视频电话，“咿呀咿呀”地叫个没完。她一边“咿呀咿呀”的，我就把牙哥姥姥的事情讲给米儿的姥姥听。我说唉，说起这个，我真是忍不住想，将来爹娘老了，我该怎么办。米儿姥姥正特别起劲地逗米儿，看我很忧愁的样子，也有点愁，她说：“你不是决定留在荷兰了么，好好在那过你的日子吧。”

说真的，如果不是听别人说，我留在国外了，连我自己都意识不到这点。跟你说实话，我当初出国留学的时候，就是抱着出去瞧瞧热闹的心态，至于大学毕业以后的打算，我想都没想过。

我不是之前跟你说过么，我特别喜欢赌。喜欢赌的人有两种，一种是赌棍，基本不用大脑，横冲直撞，胡来一气，完全靠碰运气。这种如果运气好，祖师爷肯赏脸，那还能凑合保得住小命。但是运气不好就会死得很难看。另一种是人才有资格被称为赌徒，靠智慧凭谋略，讲究手法技巧，这种人除非是跟祖师爷太犯冲，否则一般都会比较好看。

我这么说，是因为我一开始就是个赌棍，别说我不清楚该怎么下注了，我连自己在玩二十一点还是在砸老虎机都没搞明白，就在那儿胡折腾。不过我得说，我还真的是命挺大的，在我继续这么胡折腾下去之前，男神雷雷和王老板把我给拉住了，让我停一下，起码想一想，至少知道自己在做什么，不然还真有点麻烦。

是吧，至少想想明白自己在做什么吧。我提着行李到了埃因霍温，搬进了我的新宿舍，准备在这里好好想想明白。我初到埃因霍温的时候，好像什么也都没发生，所以我对那段日子，也几乎没有留下什么印象了。要非得说我当时做了什么有意义的事的话，可能也就只有一件，就是我准备认认真真地开始学一学荷兰语了。

说到学荷兰语，你可能会纳闷，为什么我在荷兰读书，却在到达这个国家的时候，连一句荷兰语也说不利索。这问题其实挺复杂，我得给你仔细讲一讲。

中国人说靠山吃山，靠水吃水。但是你得知道，说这样的话的大前提，是你得有山水可吃，穷山恶水只能出刁民。从地理位置上来讲，荷兰并不是一个很理想的地方。这里海拔低，多沼泽，长期受海平面上涨的困扰和威胁。更麻烦的是这个地方土地贫瘠且低温多雨，靠土地里种出来的那点东西想要喂饱所有人，并不是一件太现实的事情，他们也只好在做生意上动脑筋。要不怎么说荷兰人都鸡贼呢，馊主意一个接一个的，什么股票证券，贸易物流，跟这帮荷兰人真的都有很大的关系。

你可能会问了，这和语言有什么关系啊。这当然有了，要做生意就得跟人沟通，沟通的基础就是说话，说大家都听得懂的话。全民学英语这事儿，不只是开奥运会时候的北京搞得热火朝天，荷兰人民学英语的热情也是大大的。但是这里面也有区别，咱们中国人学英语是为了方便来中国的外国人，有点扬我国威的劲头。荷兰人就是彻头彻尾的实用主义，学好了英语出门去耍贫嘴赚钱。于是乎大学里面稍微跟赚钱沾点边的专业，什么金融物流、电子软件，全都是搞英语授课，让学生们把英语都说得要多顺溜有多顺溜，将来毕业以后方便赚钱。至于荷兰语，荷兰人自己看起来好像也不是很在乎外国人愿不愿意学。荷兰语跟德语同属日耳曼语系，二战期间荷兰的德占区，荷兰语甚至被当作德语方言的。荷兰人自己也想得开，他们也根本不指望其他国家的人，会屑于学习他们的语言。据我所知，几乎荷兰所有的英语授课专业，都不会主动要求国际学生学荷兰语，你愿意学就学，不愿意就随你便。荷兰整体的生活环境也是如此，几乎人人会说英语，还说得很好，这也就解释了为什么有很多中国人，在荷兰生活几十年，可是开口一句像样的荷兰语也说不清楚了。

我转学到埃因霍温这边来，专业当然也是英语授课的，荷兰语倒是有这么一档子事，但是这个课跟个摆设相比真的没有太大的区别。说实话，这要是一年前，我可能真的是不会去上这门课的。但是这时候，我突然觉得，好像我必须得去上这门课，尽管我当时并不知道这门语言会帮我打开一扇原本紧闭着的大门。

话说回来，我当时真的觉得荷兰语特别难听，难听的我都觉得不好意思从自己嘴里说出来。所以此后两三年的时间，我都是听得懂，说不出来的状态，有点像个哑巴。但是我现在天天说荷兰语，从早上起床一睁眼就开始说，一说一整天。哈，这当然是被我们家牙哥给逼的。

24. 姥姥的苹果派

我问过姥姥，她十几岁的时候，生活在战时的德占区是什么样的感觉？她说上帝永远与她同在，赐予她生命、自由和爱。这听起来，有点像答非所问。

牙哥的姥姥在 2015 年 9 月 11 日去世，我记得那段时间天气很糟糕，阴冷阴冷的，忽晴忽暗，雨就像重感冒时候的鼻涕，趁你不注意就抽搭搭地滴下来，等你想拿手去挡一挡，它又悄悄地躲回去了。这种天气持续了两个多星期，中间只放晴了一天，是姥姥葬礼的那一天。姥姥的葬礼非常简单，她所有的孩子们围在她的身旁，为她读一段《圣经》中她最喜欢的故事。每个孩子在她的竹制棺椁上摆上一朵白色的百合花，撒上一把泥土。姥姥在很多年以前就为自己选好了墓地，在一片茂盛的树林中，一棵矗立百年的树下。现在她沉睡的地方已经重新铺上了草皮，甚至没有立一块墓碑。她会在这里得到永生，她会融入泥土，化作一片树叶，一棵绿草，一株小花。万物轮回中，她的生命永远不会停止。

姥姥生于1926年的盛夏，她的家庭是一个非常虔诚的基督教家庭。在她14岁的时候，荷兰被卷入了第二次世界大战，她的家在德占区。战争结束之后她与青梅竹马的恋人结婚，在荷兰东部的一个小镇上过了几年安静幸福的生活。姥姥的丈夫去世时还不到30岁，留下了她和三个孩子，大儿子六岁，而小女儿才只有两个月大。

我婆婆在与父亲分别六十年之后，她突然又要和曾经相依为命的母亲分别，这实在是太大的打击。姥姥的葬礼过后，婆婆和她的两个哥哥在他们母亲生前住的公寓里，一起整理遗物。姥姥在临终时简单交代过，她家里的所有家具用品和衣物，全部捐给难民收容扶助机构。近来战乱灾祸不断，大量难民涌入欧洲，难民收容扶助机构一时间根本难以招架，各种物品都很缺乏。姥姥怕冷，她家里有很多厚实的毛毯和围巾，冬天就要来了，这些东西会派上大用场。

我的婆婆打过电话来，说她在姥姥家里找到了一些我从前写给姥姥的信，问我打算怎样处理。我当然是希望把这些信都取回来，我会好好收藏他们。听婆婆说，姥姥的遗物里，有大量的信件，满满一柜子。有一些信，已经是半个世纪以前寄出的了。如果有人爱好集邮，看到那么多贴着各式邮票，带着各个时代的邮戳，保存得干净完好的信封，肯定会欢呼雀跃。

现在这个年头写信的人不多了，除了姥姥，几乎没有其他人会寄信给我。姥姥写了一辈子那种繁复的花式字体，很多上了年纪的荷兰人都写这种老派的式样，这种字体看起来非常优雅，但是确实很难辨认。而且姥姥在几年前开始给我寄信的时候，已经85岁了，写字手会不时发抖，这就让她的字迹变得更加难以辨认。但是我喜欢读她写的信，我觉得那种就像是在自己家里吃饭，饭菜很简单，吃起来却让我有种说不出的舒服自在。

比如有一次，她写信给我，告诉我她的隔壁搬来了一个新邻居，是一个来自非洲的小伙子。她请小伙子来她家里喝下午茶，吃她新烤的饼干。小伙子觉得她烤的饼干太好吃了，问姥姥可不可以带一些走，他想让自己的朋友们也尝一尝。姥姥很高兴，她找了一个小盒子，让小伙子把饼干带上，而且她希望小伙子可以经常来她家里喝下午茶。她说她看着这个小伙子，就想起了我。这个小伙子偶尔会犯一点小的语法错误，姥姥说她听到这些小错误的时候，不会当时打断他，但是会等他说完以后，提醒他刚刚如果再注意这些小细节，那么他说的就是完美的荷兰语了。她在信的末尾鼓励我，说这个小伙子到荷兰时间不长，已经能说很不错的荷兰语了，她相信我很快也能和这个小伙子一样，说一口流利的荷兰语。

这封信是我过完22岁生日后不久收到的。我生日的时候，我的公公婆婆和姥姥一起替我庆祝，姥姥特地为我烤了一个苹果派，苹果是从我公公婆婆自家院子里的树上摘的。当时我荷兰语说得很差，几乎没人能听懂我在说些什么，我自己也很为这个事情伤脑筋。姥姥上大学的时候学过英语，但是之后六十年间她很少说英语，当然也就渐渐忘记了。所以当我想告诉她，她烤的苹果派非常好吃的时候，还需要她的孙子牙哥来替我翻译。

姥姥笑得很开心，她说她只要她的孩子过生日，她就一定会烤一个苹果派。姥姥有三个儿女，八个孙辈，十五个已经出世的重孙，这么算下来，她这辈子可能烤了上万个苹果派。姥姥喜欢一边望着我们吃她的苹果派，一边说她的苹果派里有超级秘方，所以才会这么好吃。

我们大家都问过究竟她的秘方是什么，得到的答案经常是不一样的，我得到过的答案是用自己种的苹果，牙哥听到过在和面的时候加一点白葡萄酒，或者是把加在苹果派里的葡萄干用苹果汁浸泡入味。再或者我的婆婆听过的，削苹果的时候，苹果皮一定不能断开，一定要保持苹果皮的完整。这听起来好像是姥姥在跟自己的小女儿开玩笑，因为苹果派里不放苹果皮。

25. 在荷兰跟谁过生日

我有个小侄子，叫 Daniel。我娘读 Daniel 这个名字有点困难，就整天蛋妞蛋妞的喊人家。蛋妞和我同天生日，我比他大 25 岁。原本这小子的预产期在 2014 年 9 月 15 号，应该是个处女座。可愣是到了 9 月 29 号，他娘还是一点要生的迹象也没有。医生一看，预产期都过了两周了，再不生出来就比较危险了。于是乎医生把各种招数都用上了，最后实在没辙，给了我小姑一刀，才把蛋妞从他娘肚子里给请出来。蛋妞这小子，是个隐藏的很深的处女座高级黑。

我和牙哥恋爱以来，我的公婆每年都会替我庆祝生日。他们一直拿我当小孩子，小孩子过生日，在他们看来是一件很重要的事情。而且我的父母远在八千公里以外，我的生日好像就显得更加重要了。

我和牙哥结婚以前，每一年都是和小程一起过生日。我 19 岁的生日，就是和小程一起过的。那一年的生日过得相当不错，我和小程在传说中全荷兰最好吃的中餐自助大吃了一顿，开了大半夜的卧谈会，而且还牵扯出了一段风花雪月的事情来。先说明白，千万别误会，风花雪月的主角不是我，是小程。这件事情我已经和她商量过，过去很久了，她并不介意我把这个故事写下来。更何况她相信这个故事，能让你明白，荷兰人是有多么得死心眼儿。 这个故事还得从我 19 岁生日讲起。那天我和小程约好，在她大学的图书馆见面。我们约的好像是下午，具体几点我不记得了，但是我可以确定，我肯定迟到了一个小时以上。我这次迟到的行为，后来成了小程的话柄。她经常拿这件事出来说三道四，说是因为我迟到，害得她伤心了很长时间。我总反驳她，说让她伤心的不是我，是顽固落后的封建伦理教条。小程就吼我，说如果不是我迟到那么久，她肯定也不会那么早就遇见这小子，等过两年再遇上，这些麻烦事都没有了。没有了这么多麻烦事，他们俩肯定是瘦才子胖佳人儿，琴瑟和谐，比翼双飞。说实在的，我那天之所以能那么坦然地迟到，主要是因为我约的人是小程。小程自己是一个丝毫没有时间观念的人，她迟到这个毛病，简直可以用病入膏肓来形容。你如果想约她早上 10 点见面，那我奉劝你最好约她 8 点，因为她一般至少会迟到两个小时。我认识她这么多年，她准时的次数，一只手就能数得过来。我所能记住的，小程第一次与我约会准时，这天可能是第一次。可是很不巧，我自己又迟到了很久。所以我也总告诉小程，她那天在图书馆认识了一个哲学博士，不能不说是天意。我对小程在那天下午认识的哲学博士了解真是不多，连他叫什么我都没弄得太明白。听小程说这小伙子在阿姆斯特丹出生，在巴黎长大，是个法荷混血儿。法国人属于拉丁裔，容貌多俊美，身材却容易拿不出手；日耳曼裔的荷兰人身材高大威猛，但是脸蛋就容易长得像土豆。这小伙子还挺聪明，把两边的优点全给弄到自己身上了。小伙子有一个很难发音的法语名字，我和小程都读不出来。因为他正在读哲学博士，所以小程给他起了个雅号，叫亚里士多德子。

我见到亚里士多德子和小程的时候，他们两个正聊得兴高采烈，一点看不出来是刚刚认识不到一个小时的样子。小程拒不交代他们两个到底是怎么开始聊起来的，我至今都很纳闷他们两个怎么能这么一拍即合，聊得这么投入忘我。要不是我连拖带拽地把小程拖上开往餐馆的公交车，他们俩大有不聊到口吐白沫，誓不罢休的劲头。

我和小程吃完饭回到她家里，已经很晚了。小程为了我的生日，特意把她房间里那张追随了她 200 多公里，从格罗宁根一路搬到乌特勒支的超大号双人床收拾出来，让我在上面想怎么睡怎么睡，她自己则准备打着手电看一宿的书。小程的床摆在窗边，我躺在床上，可以透过百叶窗赏月。我没有戴眼镜，又是正困得眼皮打架，视线自然变得很模糊，黑夜中苍白的月亮便和雪白的百叶窗融为一体了。月亮似是被一道道绳索纠缠住，任他再怎样想与我相依，也只得孤零零只身停在天上。并非明月孤冷无情，不解奴家满心痴意，实是无谓琐事牵绊，落得芭蕉丁香，两下思愁。

我可能真的是太困了，脑子不好用，就傻呵呵地叫小程也看月亮，问她是不是也觉得天上明月下凡不得，只得与我两厢遥望？小程连理都懒得理我，手里打着她那把比我家客厅的吊灯都还要再亮十倍的巨型军用手电看书。她当时在看的是一本中文书，是《管子》。小程在写一篇关于经济史的论文，内容是关于战国时期齐国的管子和古希腊的亚里士多德，比较两者在经济主张上的异同。小程告诉我，对于没有接触过西方哲学的人来说，想在短期内读懂亚里士多德的著作，并不是一件很容易的事。今天下午碰上那小子，就是研究亚里士多德的，而且这家伙对神秘的中国文化极有兴趣。这简直是一块送上门来的肥肉，她得好好利用上。

这之后几个月的时间里，我娘每天早上 9 点一登录 MSN，就能看见小程的头像绿油油地放光。荷兰和北京有 6 个小时的时差，北京早上的 9 点，是荷兰夜里 3 点。我娘吓坏了，问我小程怎么会这么晚了还在线？我说小程在和人探讨哲学问题，顺便给人讲一讲我们中华民族的悠悠五千年。

26. 亚里士多德子

在小程认识亚里士多德子并且迅速与之建立了深厚而纯洁的友谊之后，我遭受了相当长时间的冷落。多年以后，小程抱怨我重色轻友的时候，我就拿这段时间的情况反驳她。小程自知理亏，但还坚持狡辩，说她和亚里士多德子只是君子之交，因此她根本不是因为色而轻了我。对啊，一对二十多岁的男女，每天互发几十条短信，聊 MSN 聊到夜里三点，你要是非得相信他们俩之间是纯洁的友谊，我也真不拦着你。

但是他们没有能够走到一起，究其原因，小程自己其实也要负很大的责任。她每天跟一个哲学博士聊天，聊得昏天黑地还嫌不够，又选了一门哲学史的课，准备再系统地、深入地学习哲学。热爱学习是好事，可是你最好还是先跟别人打个招呼，不然后果就是自己难过。

哲学史这门课，每年都是同一个教授讲。这个教授说来也真不是外人，是亚里士多德子的导师，跟小程也算是八竿子打不着的亲戚。可坏事就坏在这个教授身上，什么时候出去做访问学者不好，他偏偏要在小程去上这门哲学史的时候，跑到加拿大去做了半年的访问学者。大学里面，导师不在，下面几个博士生把教学任务分一分，也是能应付的。比较麻烦的是这位教授大人以严苛著称，多年来只收了亚里士多德子一个博士生，所以所有的课都只能让这个唯一的得意门生来顶上。这么重要的事情，亚里士多德子竟然也没有提前通知小程，活该他错过这么个天上有地下无的大胖姑娘。

接下来发生的事情，我想你也能猜出个大概来。小程怀着对哲学博士，哦，不对，是对哲学的满心浓情蜜意去上哲学史这门课了。结果呢，站在讲台上的居然是前一天夜里跟她聊 MSN 聊了通宵的人。只不过这个人由博士亚里士多德子，变成了老师亚里士多德子而已。我不太确定小程是当即冲出教室，还是勉强忍到了下课以后，反正她掏出了手机，向我发出了几个月以来第一次夺命连环 CALL。说真的，我在第一遍听完小程一连串中英文杭州话混用的句子以后，还以为她又把家里的钥匙给弄丢了。小程丢钥匙的功夫倒也是一绝，一个月丢三次。她一丢钥匙，房东阿姨就必须为了安全起见，把整栋房子的锁全都换一个遍。小程把这些句子重复了三遍，我才弄明白这是怎么一回事。我听明白以后，差点笑出声来，我说："哎呀，没啥大不了的。"小程那边沉默了一会儿，把电话挂了。

这天晚上，由于我打给小程的夺命连环 CALL 始终未能接通，我坐上了火车，星夜赶往小程家。虽然我很清楚小程，以她那个惜命的样子，肯定不会一时悲愤交加，挥刀自残。但是我也明白小程是一个没有原则的人，她万一要是恼羞成怒……我一想到此，尽管坐在温暖的车厢里，还是起了浑身的鸡皮疙瘩，冷汗都下来了。

实在是万幸，小程还没有来得及恼羞成怒，她正盘腿坐在床上，盯着她的笔记本电脑发呆。荷兰的冬夜，还远不会滴水成冰，只是会有一缕缕不听话的白雾，悄悄在唇齿鼻尖流动。我给自己煮了一碗方便面，也盘腿坐在床上，一边拿着发烫的碗底去碰我冻僵的脚尖，一边凑向小程的身边去。我发现连续几个月霸占着她电脑屏幕的 MSN 聊天页面不见了，屏幕上只有一个冷冰冰的 pdf 文档。我一边吃面一边问她这是什么东西。她说："这是大学的校规。来吧，来听小程给你读一读这些校规。教师与学生谈话，必须在开放环境下进行。如需要在封闭空间继续单独谈话，谈话空间四壁至少有一面透明，第三人可以观察到屋内所发生的一切。有师生关系的双方，不允许发生任何形式的暧昧。"小程读完了，挠了挠头，还加了一句："严禁教师以诱骗、威胁、恐吓、暴力或其他一切手段与学生发生性行为，必要时，警方会介入调查。"就这最后一句，差点把我给吓死。小程看我嘴里的午餐肉差点掉出来，幽幽说道："我们连手都没牵过。"

这之后小程删掉了亚里士多德子的所有联系方式，这个故事，到这里也就结束了。本来挺好一段郎情妾意，就这么让一条规矩给毁了，洋鬼子也真是死心眼儿到了一定地步。荷兰社会对教师与学生暧昧关系，容忍度是十分有限的。这倒不是说荷兰人民的道德水平高，也和我们的祖先一样，有着"一日为师，终身为父"的伦理观念。别的不说，就从荷兰的单身男女们到处搞一夜情这一点来说，我就打死也不信他们能有什么伦理观念。更何况在荷兰，教师这个职业并没有什么神圣光环，他只不过是一种谋生的手段，仅此而已。

荷兰社会之所以会对师生之间发生暧昧关系的忌讳甚至是鄙夷，最大的原因恐怕是它违反了游戏规则。老师站在讲台上，利用知识和手中评判对错的权利为自己塑造权威，但这不代表他可以利用这种权威，来满足一己私欲。既然来当老师，就要老老实实地守住学校的规矩，不要在学生里面找老婆，当然了，老公也不能找。你可能要问了，哎呀，万一要是恰好邂逅了我的人生真爱怎么办啊？其实也不是真的没有办法，人民教师辞职就行了。说到这，我还得再给你讲个小故事。

很久很久以前，有一个来自中国的女留学生，她聪慧美貌，很快便迷倒了众人，其中也有她的导师。教授疯狂地爱上了她，为了她，不惜与结婚二十几年的妻子离婚，离开已经青春期的孩子们。大学校委会的白胡子老爷爷们为之震怒，教授便辞去了一切职务，抛下所有一切，与心爱的她一起白手起家，创办了一所学校。这所学校办得有声有色，学士硕士博士都能做。唯一美中不足的是，学校的毕业证上没有荷兰教育部的印章，在荷兰教育部承认的大学名单中，也没有这个学校的名字。这所学校，被通称为野鸡大学。

27. 餐馆洗碗过情人节

2009 年的情人节，我还是没有等来我的情人。为了阻止自己整天窝在家里思春，我只好使出老办法，找了一个地方打工。我的一个男同学在一家自助餐厅的厨房里做学厨，有熟人好办事，我也就到这家餐馆去洗碗了。不过说实话，我从心里真的是不想在中餐馆的后厨里做事情的。这并不是我对这种工作有任何轻视，我始终认为，任何合法的谋生手段，都应该受到等同的尊重。我之所以想做点别的，完全是因为后厨里的工作实在太苦了，我不咬牙根本撑不住。但是很可惜，我当时除了去后厨，没有任何另外的地方可以去。

除了中餐馆的后厨，恐怕荷兰也不会有第二个地方会聘请中国留学生去打工。主要原因是荷兰大学生勤工俭学的情况非常普遍，有不少的家庭，即使家境宽裕，也不会在孩子成年后继续向其提供充裕的金钱。二十出头的荷兰学生们，不得不出来打工以补贴自己的日常生活。需要招请零工的雇主们，仅仅是荷兰本地学生，就已经为他们提供了足够的劳动力资源。另外一个原因，是在荷的中国留学生，荷兰语普及率非常低。来荷兰留学的中国学生，绝大多数都是就读于英文授课的国际专业。这其中有个别人确实会去学一点荷兰语，但是就我了解到的情况来讲，比例并不高。我们可以试着换位思考一下，如果你在北京开公司，需要招请一位员工，请问你是愿意请一位本地人，还是想请一个连中国话都说不利索的外国人呢？答案不用说的太清楚了吧，你应该也能明白，为什么在荷兰的中国留学生只能去洗盘子了。我在这家餐馆洗盘子的工作，大约持续到了 2009 年的年底。洗盘子是一份怎样的工作，前面已经讲过，在此也不做赘述。唯一值得一提的是这份工作的结束方式，有一些莫名。我作为非欧盟籍学生，原则上每周只可以打工 10 小时。但是我打工的这家餐馆规模大，生意又好，几乎只要是当天人手不够，老板都会打电话过来问我要不要去洗几个小时的盘子。圣诞节前后是餐馆生意最好的时候，所以当老板打电话来，我还以为他又喊我去洗盘子的。可是我接起电话，却听到那边是一个已经变了调的慌乱声音，结结巴巴地让我以后不要再去打工了，也不要再提这件事情。还不等我说什么，电话已经挂断了。

我还未来得及结算的那些工资，是我另外一位在后厨打工的同学在几天后转交给我的。在得知我的同学也一并被炒了鱿鱼之前，我很费解究竟是自己做错了些什么，以至于会在圣诞节这样急缺人手的时候，被这样坚决而仓促的辞退。听我的同学讲，我才得知其中一部分原委。

原来后厨里面有两位师傅，是没有在荷兰的合法居住身份的。

换句话说，就是老板雇用了非法劳工。不过这好像也不是大事，反正这样做的中餐馆也肯定不止一家。只不过我们这位老板，做事不够小心谨慎，居然走漏了风声。税务局、移民局和警察局的人来砸场子了，还偏偏要挑生意最好的时候来闹。一伙人上来就把餐馆给包围了，那几个警察也是够可以的，手里全都拎着硬家伙来的，到后厨一通折腾，把两个师傅给带走了。餐馆的生意一下就让这帮人给搅和黄了，这还不算，临走的时候这帮人还给老板开了一堆罚单。罚单数额之巨大，写罚单的那几位都是一边在纸上奋笔疾书，一边忍不住咯咯咯地偷偷直乐。

听我的同学说，老板因为这件事情受了挺大的刺激，骂了很久荷兰人是吸血鬼，为了这么点小事情居然罚得他连内裤都要穿不起了。老板连内裤都不穿了，餐馆也就不需要我们这些打工的学生了。这之后没过多久，学校的国际学生办公室便贴出了招聘启事。因为一位工作人员要休产假，学校想聘请一位学生做兼职。这份工作其实真的非常简单，只是整理一些不重要的信件刊物而已。任何需要学校印章、签名或者涉及考卷或师生个人信息的文件，都不需要接触。

我递了简历，做了面试，很快便签下了我人生中第一份工作合同。先别急着恭喜我，这么快便又找到了一份新的工作，你不觉得奇怪吗？这已经是我的第三份工作了，却是我的第一份工作合同。

28. 在大学做兼职秘书

我在很长一段时间里，都避免向人提起我那两次在中餐馆的打工经历，生怕给自己惹来一些不必要的麻烦。直到后来，我的欧盟永久居留被批准以后，我才大着胆子去咨询了律师的意见。律师告诉我，这两次并不合法的打工经历，现在已经不会造成任何问题了，我可以随便拿出来吹牛，很安全。既然我现在安全了，那就可以放心大胆的跟你吹一吹，这两份洗碗的工作，到底问题出在哪里。

我先给你讲讲我在大学做兼职秘书时候的情况吧。大学作为我的雇主，首先需要与我在工作条件上达成一致，并签署合同。之后雇主向税务部门以及移民局提交相关申请。税务局在收到申请后会进行相应的调查审核，批准之后，我才可以正式开工。就职期间的薪酬，通过银行定期支付，雇主必须定期向我出具书面的工资单。这些工资单，我作为雇员有义务保管好，在必要的情况下，税务局可以要求我提供这些单据，用于税务调查。后来我所做的每一份工作，都是类似的情况。期间因为我在荷兰的居住身份有所改变，所需要提交的申请种类也有所不同，但大体步骤并无差别。这样的流程，单单是听起来就已经足够烦琐了。荷兰的行政机构又大多效率低下，除了开罚单，做什么事情都慢得惊人。按照我们所习惯的方法办事，要简单快捷很多。我在餐馆开工时，没有向任何部门提交过相关申请，当然也谈不到需要办理的其他手续。我的所有工钱，一律以现金结算。现金当面点清，事后纠缠，恕不奉陪。这些现金交易，当然也不会留下任何字据，更不会有人在乎。

化繁为简是生活的艺术，但是荷兰税务局似乎无法理解其中的奥妙。听说那些年，荷兰税务局最喜欢干的事情就是去中餐馆搞突击检查。检查也不怕，我们有的是办法。我所打工的两家餐馆，为了应对税务局的突击检查，都要求我提供一些相应的文件和资料，餐馆也会准备一份不签字的合同。如果有检查，可以拿这些资料给税务局的人看，说是学生当天只是来试工，并没有决定要聘用。既然尚未决定是否聘请，合同自然还不会签，申请自然也无法递交。税务局当然可以选择不相信，没关系，爱信不信，反正没有证据，你能把老子怎么样。事情到这里，也并没有变得很复杂。不过很可惜，荷兰人的心眼儿都是很死的，不把情况搞得很复杂，他们是不会罢休的。税务局来搞突击检查还不算完，移民局、警察还有一大堆乱七八糟叫不上名字来的部门也都轮番上阵了。查餐馆里打工的学生有没有办过手续，查所有食品饮料的进货渠道和保质期限，查各种锅碗瓢盆是不是洗得锃光瓦亮，查一切大事小情，一切你能想到的和你想不到的。这么多罪名，不怕找不到合适你的，哪条都能罚死你。比如我第二次打工的那家餐馆，就在突击检查中，被发现有雇用非法劳工的情况。

西方人制定了游戏规则，丝毫不考虑这些规则是否也适用于我们，就一味地逼迫我们也去遵守。西方人相信的，是人性本恶。他们相信如果没有劳务合同，雇主会侵害员工的利益；他们相信如果没有监控，工厂会在婴儿奶粉里添加有毒的化工材料；他们不相信师生之间也可以产生爱情，他们坚信那是权利和色情的交易。他们以此为基础所制定的一切游戏规则，我们不去遵守，可能仅仅是因为我们不习惯，因为我们认为它毫无意义，因为我们相信人之初，性本善。我的餐馆老板，为此支付了一笔数字惊人的罚款。正是这张在他看来带有讹诈意味的罚单，使得他决定结束餐馆生意。原本和我同宿舍的几个中国人，是打算在这里进行聚餐的，也只好被迫转移阵地。

这次聚餐，是送一位师兄回国。师兄原本是打算读个硕士的，但是上了几天课就发现挺没意思，于是他雇人搞了个论文准备应付一下。答辩的时候几个教授不给面子，坚持不肯给他学位。他有点急眼了，就问能不能买一个硕士文凭，反正买文凭这事儿，他在国内的时候挺有经验的。但是这回可能也是没沟通好，大学死活就是不肯卖给他。师兄不是死心眼儿的人，干脆上野鸡大学买了一个，反正他将来是要继承家族企业的，文凭这东西有没有也无所谓，他一样是少主子。饭桌上大家聊起来，聊起师兄买文凭的野鸡大学，也都甚是感慨。这所野鸡大学的光荣历史，我前面已经跟你讲过，这里不做赘述。师兄是四川人，操着一口川普，笑话荷兰人脑壳都遭门夹到了，教授跟学生睡一睡耍一下能啷个样嘛。我挺不识趣的，在边上插话，说大学导师在学生的学位授予问题上有生杀大权，两者之间的暧昧关系，难免会有色情交易的嫌疑。师兄对此论调非常不屑，他说，当老师的睡个学生就算色情交易，那照你这么说，老子当老板儿的，在公司里面睡几个女的是不是都要不得了撒？我被师兄质问得有点哑口无言，支支吾吾地说："那看具体情况吧。"师兄看我没底气的样，更加不屑，以成功人士的姿态教导我，他说："公司是老子的，规矩是老子的，老子想哪个样就哪个样，老子想睡哪个女员工就睡哪个女员工，不让老子睡，老子就叫她立刻滚球。”

29. 邂逅牙哥

我闺女米儿妞妞今天早上有点不高兴，这主要怪她爸爸。米儿她爸爸一时心血来潮，给闺女的头上戴了很多花发卡。闺女噘着个嘴，气鼓鼓地来找我告状。我一看，小丫头被她爸爸打扮得跟《花为媒》里面急着上花轿的李月娥似的。米儿的头发还没有长出很多来，发卡膈着她的头皮，不舒服了。

我和米儿她爸爸经常为了闺女长得更像谁而抬杠，不过有一点我得承认，米儿的头发确实更像爸爸。他们父女两个，头发都是稀稀软软的，总是很顺从地贴在头皮上，那姿势像极了米儿趴在我怀里睡觉的样子。我总喜欢趁着米儿在我怀里睡觉的时候把脸紧贴着她的头发，因为她的发丝间有淡淡的奶油香味。米儿她爸爸的头发是奶油的颜色，米儿的发色要比爸爸深一点，是糖炒栗子的颜色。我相信我的黑发，还是起了一点点作用的。

黑发的美丽，是属于中国人的，我的丈夫不明白，我的孩子恐怕将来也很难明白。“穿过你的黑发的我的手”。我曾经很希望自己能伏在爱人的耳边，对他说这句话。我理想中的爱人是一个中国书生，他生着浓密的黑发，白净而温柔的面孔，和我一样戴着近视眼镜。他笑起来的样子，像是翻开一本竖排本的诗集，跃入我眼帘的，是“记得画屏初相遇”。我的丈夫，和我曾经理想中的爱人完全不同。我在初次见到我丈夫的时候，是 2010 年的初秋，我刚刚结束暑假，从北京回到荷兰，心里正烦得要死。我在学校里偶然看到一张基金会招请志愿者的海报，也许是因为心正烦着，我决定去试试看。

基金会负责人是个极有魅力的大爷，见到他的时候，他穿了一件短袖衬衫，系着一条羊毛围巾。这大爷曾经是生物系教授，我觉得屈才了，他的口才应该去中文系才合适，专门讲鲁迅。简单来说，这是一个非盈利的基金会，主要旨在帮助拉丁美洲和非洲的小型农场优化生产。这个基金会只有六名员工，这六个人的身家背景自然也是被他交代了个底朝天。我未来的丈夫当然是其中之一，大爷说这小伙子是他老婆闺蜜的儿子，三十多了，小时候挺混蛋的，大了比以前好一点，单身，他老婆的闺蜜整天为儿子找不着对象发愁。大爷声情并茂地给我讲了两个小时，叙事风格堪称大气磅礴，简直令我瞠目结舌。他把什么都给讲了，就是没讲找我来当志愿者，到底是要做些什么。

我第二次到基金会去的时候，负责人大爷不在，但是他留下话来，让找个人给我讲讲到底我需要做点什么。那天基金会的办公室里就只有一个人，就是大爷老婆闺蜜的儿子，你说还能让谁给我讲。我当时看着他，心里挺能理解为什么这小伙子到了三十多岁找不着对象的。我觉得他应该有一段时间没有吃过像样的饱饭了，脸颊上一点肉都没有，眼睛又很大，还有戴着眼镜都遮不住的眼袋和黑眼圈。他的脸本来也就不短，这么一来就更长，去年一滴相思泪，我看明年也未必能流到腮边去。小伙子这脸蛋这样也就算了，精神也不好，穿了件挺旧的黑色套头衫，又不合身，肥肥大大的，我看着他就更觉得不顺眼。他背对着落地窗站着，有点逆光，我看见他笑了一下，嘴巴裂得很开，有点缺心眼儿，还有两道光闪过。这两道光，一道来自嘴里的一颗金牙，另一道来自一颗大虎牙。我被这两道光闪的直晃眼，心里想，这是牙哥啊。

牙哥此前在西非待了两个月，前一天夜里才从马里飞回荷兰，睡了两三个小时就爬起来上班，也难免是这么一副德性。那天牙哥没怎么说话，一直在边打哈欠边吃橘子，吃了一个又一个。我猜可能是因为橘子便宜，所以牙哥舍得把橘子分给我吃。这也挺有意思的，后来我们结婚的时候，有人送了我们一大筐的橘子，我们吃了好长时间。

我和牙哥从 2010 年的秋天相识，到现在我们一起经历了很多，我们正在经历很多，我们会一起经历更多。那些我们已经经历过的，我会慢慢讲给你听。但是现在夜深了，我要上楼去睡觉了，不然等会儿牙哥又要下楼来又蹦又跳了。

30. 为牙哥心动

荷兰现在已经是深秋了。从十月开始，几乎一半时间都是在下雨，剩下的一半时间是阴天。我们被荷兰的坏天气弄得实在心烦，也就等不到圣诞节，迫不及待地跑来西班牙晒太阳了。其实除了圣诞节来西班牙晒太阳以外，我和牙哥平时在出行计划上并不那么容易达成一致，只好各自单独行动。

我几乎每个周末都会到咖啡馆去喝一杯又浓又苦的黑咖啡，吃一大块加了很多奶油的苹果派，然后骑车带米儿去买一盒有机覆盆子。我不太喜欢吃这种东西，酸酸的，吃下去嘴巴里感觉怪怪的，连鼻子里也有股青草味道，凉飕飕的。但是米儿喜欢，她一看见覆盆子，简直等不及回家就一定要吃了。我会找个角落拿水壶把覆盆子冲一冲，然后拿给她吃。覆盆子是很娇嫩的水果，米儿用翘着兰花指的手抓着塞进嘴里，顺便也在嘴边留下一片粉红的胭脂颜色。

牙哥不喜欢去咖啡馆喝咖啡。超市里的咖啡一大包买回来也就几块钱而已，能喝好久，在咖啡馆里喝，他嫌贵。我家附近有片树林，夏天的时候牙哥会带着米儿去那里摘覆盆子吃。林子里还有很多其他果子，有的能吃，有的不能吃，我分不清楚，牙哥分得清楚。夏天过去，秋风吹落了树上的叶子，也在林子里撒下了满地的栗子，我很想捡回家来做糖炒栗子吃。但是牙哥说这种栗子有轻微的毒性，吃了不会致命，只是会腹胀，会不停地放臭气。

我认识牙哥这些年，最常听到他说的一句话，就是某种植物的哪些部分是可以给人吃的，哪些部分是可以用来喂大骡子大马的，哪些部分是有药用价值的，哪些部分是可以用来制成清洁能源的，还有哪些部分是目前尚无法利用的。我想你可能会猜牙哥是学生物的，一开始我也是这么以为的。牙哥确实会穿着白大褂走进一尘不染的实验室，但是那更多的是去开会或是参观。真正能够让他大展拳脚的地方，是无边无际的土地，是孕育了一切生命的土地。牙哥毕业的大学是荷兰最优秀的农业大学，也是世界级的顶尖农业大学。我对牙哥说：“我对土有概念，北京刮沙尘暴的时候，满天都是。”

牙哥知道我是在北京长大的，对土地根本没有概念，很耐心地向我解释："土和土地是不一样的，北京向北有一些地区有土地荒漠化现象，是不科学的人类生产活动导致的，不过这可能属于牧业，我只学过基础知识，具体不是很懂。"

就像天下武功分为五宗十三派八十一门那样，农业也分各帮各派，牙哥自己说他是庄稼汉派的，他还给我举了个例子说明。比方说，你有一块地，种玉米。你买来的种子是优良品种，可这不代表你今年就一定能有个好收成。你要用正确的方法播种，施与充足的养料，采取适当的措施以抵御灾害。丰收过后，你家的院子里堆满了秸秆，它们不能就这样烂在地里。你是把它们卖了作饲料也好，还是拿它们扔进沼气池也罢，就是千万别一把火烧了它们，这东西除了能把雾霾的味道变得更浓更呛，是能变出钱来的。等你把地里全部的东西都变了钱，也是时候为明年打算一下了。土地是需要休息和滋养的，再肥沃的土地也禁不起胡折腾。一个好的庄稼汉能够以有限的土地和资源耕种出具有最大经济价值的作物，今年可以，明年可以，几十年以后依然可以。农业生产是人类最基本的求生技能之一，也是最重要的求生技能之一。食物是宝贵的东西，每一粒粮食都饱含着辛勤劳动的汗水。农业科技发达的今天，食物更加宝贵，每一粒粮食里不仅蕴含着劳动，更凝结了无数农业工作者的智慧。你可能觉得很难想象，荷兰这样一个贫瘠且人口偏多的西欧小国，居然可以大量出口优质农产品，同时输出顶级农业技术。牙哥说，农业是寂寞的科学，它会吞噬你的青春，却不会让你看见任何回报。他之所以会选择这样的专业，与荷兰政府相当可观的财政投入也确实有点关系。我听了，心里有点莫名的失落，觉得他简直是掉钱眼儿里了（财迷）。这时候距离我们初次见面已经过去几周了，超市又开始了新一轮的橘子打折，牙哥又买了很多橘子来吃，也分给我吃，不过他会拿已经剥好的橘子给我，而不是带皮的橘子。我猜牙哥一定已经很喜欢我了，所以他说了一句很美的话，来美化他在我心目中的形象，他说："如果没有农业，我们所有人都活不下去。"牙哥的声音里有土地的芬芳，我听着他的声音，也听见了自己的心动。

31. 牙哥问："你愿不愿意跟我结婚？"

2011 年的夏天，我和小程结伴去了一次巴黎。我们在交通上选择了最便宜的长途巴士，在住宿上选择了巴黎著名的十九区的廉价小旅馆。在离开巴黎的前一天，我和小程去了巴黎圣母院，在圣母院旁的街道巷子里走了一整天，亚里士多德子曾经在这里的一座豪宅中度过了很多年。夏天的巴黎又脏又热，这样一天下来，我和小程都差点虚脱，但还是坚持着在华人区的中餐自助里狂吃了一顿。小程趁我睡着以后还星夜兼程，到距离小旅馆 100 米处的便利店买了一只烤鸡作夜宵。结果就是这只烤鸡，让小程光荣病倒，连走路都是头向后仰随时昏厥的姿势。于是第二天早上，我们像两个打败仗的伤兵一样爬上了飘着一股下水道味的长途巴士，连滚带爬地逃回了荷兰。

巴黎距离我所在的埃因霍温大约四百公里，巴士车早上出发，傍晚的时候，我就已经在牙哥的公寓里吃饭了。饭是牙哥做的，他的拿手菜——连肉带菜，连米带油，连盐带水同时下锅的怪味胡炒大杂烩。一顿饭下来，牙哥不停地在说话，咱们今天吃的这个鸡是有机养殖的，鸡蛋也是，菠菜不是，洋葱和土豆都是，大蒜也是，茄子我自己种的，西红柿也是我自己种的，你觉得这个米好不好吃，这个是有机糙米，比起白米有更多的维生素 B……

吃完饭我还吃了一大盒酸奶，配上牙哥自己种的草莓和有机蜂蜜。比起晚饭的主菜——牙哥胡炒，这酸奶要好吃得多了，可惜的是草莓又小又酸，颜色也是灰扑扑的。荷兰的温度和光照条件都不是很理想，种草莓的活动牙哥现在已经放弃了，毕竟在自家院子里弄一个暖棚出来也不是一项理智的举动。

牙哥自从跟了我，很少下厨做饭，这天是特殊情况。牙哥的厨艺的确非常一般，客观地说，吃他做出来的东西，也能吃得这么香的人，应该确实是不多的，所以牙哥决定，他不能就这样错过我。于是在我低头大口大口吃饭的时候，牙哥问我：“你愿不愿意跟我结婚？”我说：“好。”

我和牙哥很快便在市政厅预约了一次咨询，由于我没有荷兰国籍，我们需要额外准备一系列的文件。在这些文件通过了市政厅的审核以后，我们还需要接受移民局旷日持久的假结婚调查。这些审核结束之后，我们才可以到市政厅去订婚。必须订婚，不订婚就不许结婚。订婚和宣誓结婚之间必须有至少 14 天，至多一年的间隔，以避免由于一时冲动而草率结婚的非理性决定，同时也向第三方留有提出异议的空间。我当时听着，感觉着 14 天的间隔太多余了，莫说是那些外国人所需要的额外步骤，一对情侣想要订婚，必须先要向市政厅预约才行。荷兰的市政部门效率堪忧，脑袋一热想结婚的小情侣，只怕还没等到预约去订婚的日子，脑袋早都凉下来了。我一直以为登记结婚是结婚这件大事里最简单一个环节，没想到居然这么麻烦，顿时就有碰一鼻子灰的感觉。

从市政厅碰了一鼻子灰出来，我公公婆婆的车也停在了牙哥家门口。这老两口刚刚从南法度假回来，也是累得够呛。荷兰的夏天的确是威力不足，但是南行一千公里，普罗旺斯的盛夏就很有威力了。我公公晒得跟黑炭条似的，我简直弄不清楚他看着我是想哭还是想笑。我婆婆的脸没有被晒黑到无法辨别表情的地步，但是她脸上几乎没有表情，全程保持住了她作为一个拥有女神级美貌的金发美人的冷峻和沉默。初次和婆婆过招，短短两个小时的沉默令我如坐针毡，可谓出师不利，灰头土脸。

我出国以后非常喜欢逛论坛，尤其喜欢逛婆媳大战板块。初次见面，先给没过门的儿媳妇来个下马威，是很经典的婆媳对战场景。比起吃饭不准上桌子，寒冬腊月里不让用热水洗澡之类，我沉默的对手还是很温柔的。以我多年逛婆媳大战论坛的经验，媳妇败下阵来的时候肯定是要跑去向老公投诉的，我当然也这么做了。公婆前脚出了公寓楼的大门，我后脚就哭丧着脸对牙哥说：“我觉得你爸妈不喜欢我。”我希望牙哥会像论坛里的好老公那样，安慰我说“亲爱的，我爸妈再不喜欢你也没关系，我都要和你结婚”之类的话。

牙哥没有这么说，尽管他也确信他的父母无权干涉他自愿选择的婚姻，但是他认为他的父母此时确实对我并没有太多的好感，更谈不上喜欢，因为他们无法和我沟通，更无法了解我。我的公婆在四十年前接受过高等教育以后，就很少遇到需要使用英语的情况。即便是每年冬夏两次度假，他们都几十年如一日坚持去同样的地方，说法语和西班牙语就足够了，根本也用不到英语，所以到现在也是忘得差不多了。很不巧，当时我的荷兰语也不好，只能理解一些日常的简单对话而已。让花甲之年的人去重新学习英语，确实有点残忍，而且我对其结果并不抱太大希望。唯一的解决办法，就是我老老实实地去学荷兰语。

我做出了一副典型的受气小媳妇脸，对牙哥说："我现在跟你说英语，咱俩要跟对方用非母语交流，你是不是也觉得很难跟我沟通，觉得你不了解我啊？"牙哥听出来我有点生气，呲着他那一排白花花的大板牙笑，说："我足够了解你，所以我特别喜欢你。如果我父母能够了解你的话，肯定也会像我一样喜欢你的。"这是典型的和稀泥，我不会就此消气的。牙哥继续使劲和稀泥，他说："喜欢需要了解，爱不需要。我喜欢你，我也爱你。"

32. 嫁老外被人误解

我和牙哥回到荷兰以后，迫不及待地去了埃因霍温市政厅递交结婚所需的材料和申请。我们想要即刻宣誓结婚，越快越好。水已经烧开了，灌暖壶刻不容缓。我们原本计划的结婚日期是 2012 年年初，但是这个计划没能实行，我们遇到了一些麻烦，以至于我和牙哥在 2012 年 11 月 9 日才正式宣誓成为合法夫妻。

我们在向市政厅申请推迟结婚日期之后，才来得及通知各自的家人和朋友。我娘想当然地以为牙哥人面兽心，还没等过门就先开始欺负我了。我反复向她声明我和牙哥安定团结，如胶似漆，推迟结婚的原因纯属外部因素，千万不要多想。我娘知道劝不住我了，叹了口气，问我："你们打算推迟到什么时候结婚？"我告诉她，至少也要等到我下半年毕业，找到工作，办理好工作签证以后我们才会正式宣誓。我娘阴沉着脸，问我："所有的亲戚朋友都知道你跟大牙结婚，现在又说要推迟，我怎么跟他们交代？"我说："不知道。但是如果我现在就结婚，将来更不好交代。"我坚持要推迟结婚的原因，说穿了只是庸人自扰罢了。就在我和牙哥原本计划的结婚日期前几天，我的一位好朋友当时正在搬家，需要我的帮助。我的朋友名叫玲玲，人如其名，她当时搬家到一处六人合租公寓，这公寓里面还住了另外五个中国人。我们忙了一整天，直到晚饭时间才收拾妥当。玲玲于是叫了一些外卖，还请来了合租的几位室友，既是感谢帮忙，又是新家第一餐，图个好彩头。

饭桌上也不知是怎的，渐渐有人提起了"嫁给外国男人的中国女人"这一话题。中国男人不要的丑女才会找外国男人结婚，这是流传甚广的中式笑话。这笑话挺有意思，也挺好笑，要不要拿笑话当真就随你便了。玲玲有位室友是尖端学科在读博士，聪明的人容易钻牛角尖，这位博士也颇有些钻研精神，他对于"嫁给外国男人的中国女人”这一话题颇感兴趣，也很有一番见地。他说道：“所有找老外的中国女人，都是想让老外给她办外国居留，都是为了外国护照卖身的 × ×。”这话使我感到非常不适。原因之一是我和牙哥的确有计划在结婚之后，向荷兰移民局申请把我的学生签证改为配偶签证。荷兰公民在满足一定条件下，例如，无犯罪记录、有稳定充足的经济来源等，可以为自己的非荷兰籍配偶办理配偶签证，配偶亦在荷兰可以享受相当的社会福利。荷兰的社会福利都是从高税收里收敛而来，稳定充足的收入即代表长期缴纳高额税款，缴了税当然就要享受。配偶签证是荷兰公民的权利，合情合理合法。即使是在荷兰移民局的工作人员，也不允许对前来办理配偶签证的他国公民妄加非议，更严禁对其使用任何侮辱性的词汇。尽管牙哥并不在场，但是在座的经玲玲介绍，全都知道我有个即将要结婚的荷兰男朋友。何况这位才俊的原话比我所复述出来的要难听许多，大庭广众之下，只怕是脸皮再厚的人也会感到难堪。

玲玲是个非常善良而单纯的姑娘，她见我神色有异，颇有些愧疚之意，于是开口说道：“这话太侮辱人了。而且大多数人根本不是为了什么外国护照，这种说法完全是以偏概全。”才俊笑了一下，以表达他的不屑和蔑视，他反问玲玲：“装什么装，不是为了外国护照，还能是为了什么啊？”玲玲闻言，尴尬地看了我一眼，我们都没再说什么。才俊又再开口，他绘声绘色地描述着一个外国男人与一个中国女人的性爱场景，描述着这可怜的中国女人为了外国居留，怎样受尽折磨，忍辱负重的和外国男人睡觉。饭桌上渐渐开始有人随声附和，有人笑了几声。我尴尬地看着玲玲，她圆圆的脸因为愤怒和恶心而拉得很长。我感觉自己在众目睽睽之下受到了凌辱，我是受害者，但是围观的人并不同情我，他们在笑，大概是因为他们觉得这很有意思。只有我的朋友试图帮助我，但是她也和我一样成为无辜的受害者。

我回到家里之后，做的第一件事便是向牙哥大吵大喊，说我要推迟结婚。牙哥听完我哭哭啼啼的那一句“不想被人以为是为了居留才和你结婚”的话之后，原本想用他的和稀泥大法哄我，但是我已经气急了，再怎么和稀泥也是没有用的。牙哥无奈，只好摆出一张受了委屈的小媳妇脸，怯生生地问我：“你将来一定会跟我结婚的，对不对？”我听他这么一问，也觉得自己的态度确实太不好了。我于是亲了一下牙哥那张又长又白的脸，对他说：“放心吧，等我找到工作，我们立刻结婚。”牙哥一听立刻笑得满脸开花，都笑出皱纹来了。

我在毕业以后很快便找到了工作，也拿到了工作签证，之后我又拿到了荷兰永久居留。我没有持有过荷兰公民配偶签证，连一天也没有过。我在暴怒之下，拒绝配偶签证，唯一的原因，是我想证明给那些说三道四的小人看，中国姑娘远嫁异乡，根本就不是为了所谓的外国居留。我和我的丈夫结婚，因为我爱他，因为他也爱我。

不过后来我的气消了，倒又再新添了一事令我百思不得其解：一个中国姑娘嫁给有发达国家护照的男人，那便是卖身。孤身一人在北京打拼的外地小伙子，娶了个有北京户口的本地姑娘，似乎倒是件挺不错的事。男女平等喊了这么多年了，是不是也该有人喊一喊那小伙子是卖 ×× 的？

33. 在荷兰当工作妈妈

荷兰的冬天越发不像冬天了。前些年大半个冬天都在下雪，现在大半个冬天都在下雨。下雪也好，下雨也罢，只要天气稍微坏一点，堵车便格外严重。我是重度路怒症患者，虽然我开着一辆快要报废的老式日本车，但是我在堵车的时候脾气不比邻居家开奥迪的大爷小。

荷兰的雨特别奇怪，越是上下班高峰的时候，下得越大，堵车也就越厉害。我下了班到幼儿园接上孩子，连滚带爬的回到家里，忙手忙脚的做晚饭。时间紧迫，只来得及煮意面了。好在米儿不挑食，米儿她爸也不挑食。吃过饭才收拾好东西，米儿又要洗澡睡觉了。米儿在自己的小床上打起呼噜来，我蹑手蹑脚地关上她房间的门，转身下楼，才想起来我还有一肚子的脾气要发。我发脾气的对象当然是牙哥，发脾气的内容无非是上班怎么怎么辛苦，怎么怎么受累，一句话总结起来就是要辞职。起初我在家里发脾气闹着要辞职，牙哥还表示坚决支持，不过他现在对此已经习惯了。我也只是嘴上叫地凶，发完脾气洗澡睡觉，第二天早上连我自己都忘了要辞职这件事情。

全职家庭主妇，或是做兼职工作的妇女在荷兰并不少见。一则是家务颇多，有了孩子以后家务更多，从早到晚忙下来，绝对是件体力活。更重要的是孩子满地乱爬，必须有人照顾。拿给爷爷奶奶几乎是不可能的，比如我公公婆婆，他们有三个孩子，三个孩子都各自有孩子。手心手背都是肉，帮三个孩子中的任何一个照顾孙辈，也就必须要帮助另外两个。这样一来爷爷奶奶姥姥姥爷们即便想帮忙，也只能友情客串，有心无力，更何况人家正忙着享受自己的生活，哪有心思全天候替你服务带娃。家里没有人，孩子只能去幼儿园。米儿现在每周去三天幼儿园，早上 8 点钟送去，晚上 6 点钟接回家，一年下来要上万欧的开销。如果去五天的话，这个价格还要再翻上一倍。这就是市场价，换到哪家幼儿园都差不多，兴许还会更贵。这样一来，父母双方都选择全职上班就不是很现实了，比较常见的情况是父母各自减少一部分工作时间，或者一方干脆选择暂时放弃事业，全职在家里做家务、带孩子。我和牙哥现在每周各自工作四天。我周二到周五工作，牙哥周一到周四工作。如果一方是全职家长，则是全职母亲更为常见，比如我小叔有三个儿子，各个战斗力爆表，他妻子只好辞职回家，不然他家里的房顶早已经被掀翻几百次了。

我婆婆 22 岁结婚，23 岁生了大儿子，24 岁又生了二儿子。我公公大她两岁，24 岁结婚，25 岁生了大儿子，26 岁生日那天又抱上了二儿子。我公公特别喜欢讲他们年轻时候怎样爱得死去活来的故事，听得我都觉得腻了，他自己居然还不嫌烦。关于他们爱得死去活来这一点，我真是特别相信。你瞧瞧这二位，接连生了两个孩子，自己居然都还是没毕业的学生，穷得叮当响，这应该可以算是有一定境界的裸婚了。两个穷学生脑袋一热结了婚养了孩子，旁人家里是琢磨要上班了，谁来带孩子，他们在家里琢磨没人上班，谁来挣钱养孩子。我婆婆不仅美貌惊人，还曾是医学院里的高才生。这么个妙人儿，偏偏选了个读宗教学硕士的穷小子，不知道是不是因为这个穷小子年轻时候长得帅呆了。三十年前的荷兰，宗教学已经不能帮助他们快速变出大笔现金来养家糊口，医学院的路亦是漫长而艰辛。于是他们决定其中一个放弃学业去挣钱，另外一个继续读书并且照顾孩子。我不确定他们究竟怎样权衡利弊得失，我也不确定我的婆婆经过了怎样激烈的思想斗争。总之她放弃了医学院，转而参加了周期短，并且能迅速找到工作的理疗师课程，开始赚钱养活老公和孩子。我公公呢，继续着清苦而带点理想色彩的宗教学研究，在家里洗衣做饭，给儿子换尿布擦鼻涕。

我公公宗教学硕士毕业以后似乎又在家里待了一段时间带孩子，我婆婆又再给他生了个女儿。小女儿出生以后，婆婆在家里陪孩子的时间越来越多。据牙哥说，这是因为他爹终于找到了一份薪酬可观且长期稳定的工作。据我婆婆自己说，是因为两个儿子只相差 13 个月，每天厮打纠缠已经足够让人头疼，再加上和哥哥一样闹心的小女儿，家里必须有人管一管他们才行。她老公本就暴脾气，带了几年孩子下来，不仅不见脾气变好，反而越发简单粗暴，喜欢用拳头解决问题。她说孩子小时候打一打屁股能解决问题，长大了就要用道理和耐心去沟通了。忘了告诉你，我婆婆虽然没有最终完成医学院的学业，但是也一直在从事医疗行业，初配义肢以及长期昏迷清醒的病人是她的主要工作对象。这类患者大都有着痛苦的治疗过程，康复缓慢，心理压力巨大，于是医疗人员必须有极大的耐心和坚强乐观的精神。我婆婆她老人家在这样的工作中培养了极好的脾气，自然比她那暴脾气的老公更容易听懂孩子们越发复杂朦胧的小心思。三十几年一晃也就过去了，牙哥也从整天只知道欺负弟弟妹妹的浑小子变成了中年男人。我和牙哥每次去公婆家，总是由公公下厨做饭。初时牙哥会捅一捅我，悄悄对我说：“你去帮帮我爸。”我回给他一个白眼，问他：“你爸做饭，为什么让我去帮忙？”牙哥说：“给你机会让你好好表现一下。”这真是不公平，因为我娘做饭的时候牙哥从来不知道要去表现一下，无论是在北京还是在荷兰，他都只知道举着筷子等着吃。我当然心里不会很痛快，拉着脸，颇为不情愿地去厨房里帮忙了。不过我公公做的饭，我才吃过几顿，便会不等牙哥捅我，自己也会去给公公打下手了。这主要是因为我公公他老人家只要一做饭，厨房立刻变成严重自然灾害现场。他那好脾气的老婆见到这样的场景，即刻小宇宙大爆发，跟他又吵又闹。她自己跟老公吵还嫌不解气，还要反复地问我：“你说 Jac（我公公）是不是把厨房弄得很脏？如果你老公把厨房弄这么脏，你会不会生气？”我只得扭扭捏捏地答她说：“是。”我公公六十多了，居然还有一双顺风耳，此时便会跑过来抗议，说他之所以做饭的时候会把厨房弄得很脏，全都是因为儿子淘气捣乱的缘故。虽然这事情已经过去三十多年了，但是习惯已经养成了，历史遗留问题不是那么容易解决的。

这样一来二去，最后就会变成两个老头老太打情骂俏，看得人只觉后背发凉，牙齿隐隐发酸。牙哥的牙齿比较敏感，看到这种场景就会受不了，他对他的爹娘说：“你们不要这样。”他娘明显已经气消了，把头搭在他爹的肩膀上，酸酸地说：“你爸是很好的男人。”我婆婆夸完了自己的老公，也还不忘再夸一夸自己的儿子，她又说：“我的儿子也是很好的男人。”那什么，我亲爱的婆婆，你又不是卖瓜的老王，咋就这么不知道谦虚呢？我觉得在她的儿子究竟是不是个好男人这个问题上，应该是我比她更有发言权吧。不过我很同意她的结论，也就不计较得出这个结论的方法了。

34. 我和牙哥的蜜月旅行

我在公司每完成一个重要的项目以后，就会开始盘算计划着度假。除去和老公孩子一起的暑假和圣诞节假期，我很想和闺蜜一起做一次短途旅行，但是还不知道要去哪里，而且也不确定是不是还有足够的预算。这用我娘的话来形容，就是“一天到晚满脑子都是玩儿”。我确实很喜欢玩儿，但是牙哥比我更爱玩儿得多。他每年有九个星期的带薪休假，居然还总吵着说不够用，我这只有他一半数量带薪假期的人总是想踹他几脚。

对于牙哥这种满脑子都是玩儿的状态，我爹娘颇有微词。这主要是因为我几年前和牙哥一起出去玩儿，中途发生了一些意外，我甚至还为此留下了一点残疾。我在当时感觉简直如同遭遇了灭顶之灾，但是日子渐渐久了，这事情倒也变得颇有点意思，我有时还会拿来与朋友讲一讲，吹一吹牛。

2012 年夏天，我光荣毕业，之后很快找到了工作，确定了结婚的日期。这些大事办妥当，我自然也就把喜宴钻戒婚纱照的事情想起来了。说起来也要怪我爹娘糊涂，当初带牙哥进京“面圣”，他们俩居然也没想起这事情来。等到我把最终确定下来的结婚日期告诉他们的时候，我娘才一拍大腿，问我，婚纱钻戒酒席红包怎么安排？这些事情，说大不大说小不小，家家户户办喜事的时候好歹也要谈一谈。讲究些的人家不止要谈，还要为此闹，有空逛逛专门讨论家长里短的网络论坛，不止能看见为了钻戒的大小而大打出手的，即便是为了结婚的时候陪嫁一辆本田还是一辆宝马而死去活来者，也不算怎么新鲜。我虽说没有打算把这事情怎样闹大，可也觉得这是该当面商量的事情，不然总感觉潦草了些。

牙哥对此并无异议，因为他很可能没弄明白所谓“彩礼”究竟是个什么东西。不过对于在北京过上一个夏天，他则表示了非常激烈的反对。牙哥最大的爱好是到处瞎溜达，前次进京“面圣”的时候牙哥一得空便到处瞎溜达，溜达回来一脸的不高兴，期期艾艾又哀哀戚戚道，千年帝都尽是摩天大楼，一口尾气只觉头昏脑胀。我听了差点气死。这话我也没敢翻译给我爹听，我想他一定会用家里的饮水机把牙哥打出去。

总而言之，我和牙哥经过友好协商，决定首先途经香港到达海南，在海南停留一个月，待到牙哥在一片美景中吸足了他所需要的“令人愉悦的洁净空气”以后，回北京再次“面圣”。我们计划在海南骑行环岛，这么一大圈子兜下来，牙哥应该也算是瞎溜达够了，到北京以后应该可以老实地进行室内购物活动了。

35. 海南旅游

计划定好，我和牙哥订了青年旅舍，背着登山包开开心心地出门玩儿去了。在有孩子以前，我和牙哥出门整体上都是这个配置，球鞋登山包透汗衬衫，如果不背帐篷便住青旅。牙哥声称住在青年旅舍里，让他感觉自己还像十几年前一样，还是那个背个破包靠每天两美元走遍拉丁美洲的“男孩子”。牙哥十几年前的的确确是做出了这样的举动，但是我总觉得他这样做纯粹是由于吃饱了撑的。这里顺便说一点题外话，一个外国人跟你吹牛说他每天只花两美元，把某某地方玩儿了一个遍，吹得要多牛有多牛，听起来要多酷炫有多酷炫。你很可能听得热血沸腾，撸胳膊挽袖子也想当场这样大干一番。但是在你也背上破包出门之前，我建议你最好先弄清楚他每天实际可支配的美元究竟是多少。这兄弟很可能确实每天只花了两美元，但这不代表他每天只能花两美元。他可能每天可以花费 20 美元，甚至是 200 美元。他只花了两美元，仅仅是因为他不想花掉余下那 198 美元。尽管吹牛的时候，大家都会尽量避免谈及结余出来的 198 美元，因为这在很大程度上会对他的拉风形象造成负面影响。但是相信我，这隐藏起来的 198 美元，才是你最值得关注的重点。因为这是等你的两美元搞不定，甚至是闯出祸来的时候，来保住小命用的。

这几句题外话，也是我在此次旅途中悟出的道理。不过这是后话，现在暂且不提。我和牙哥初时在三亚停留了一周，时差算是倒过来了，买了两辆自行车，还是名牌货。8 月是海南旅游的淡季，青旅的生意不旺。除了店长当时在准备考研终日书本不离手，余下几个打工的小哥妹子也是闲得够呛，天天同我们寥寥数名住店的客人一起唱歌喝酒划拳夜宵。牙哥与其中一位小哥更是颇为投契，早上我赖床，牙哥便去找这位小哥吃早饭。小哥本也是想要练习一下英语，没承想一周下来反倒教会了牙哥一些中文单词，例如钱、饺子、喝水、厕所等。我们离开三亚以后不到一周，便遭遇了一场灭顶之灾。如果不是那位小哥教会牙哥这些在关键时刻可以保命的中文，我可能早就已经去见加西亚·马尔克斯了。

离开三亚之后，我们骑着自行车一路向北，几天下来除了防晒霜防虫剂用得多一些，倒也没有什么特别。按照我们当时的进度，我们可以先一路骑到海口，之后看时间和体力条件，再做下一步打算。这个计划没能成行，我和牙哥在略感遗憾之余又一致表示，这辈子也不想再回海南去了。创伤后遗症，治疗起来比较困难。

2012 年 9 月 1 日早上 9 点，如果我还是学生，那么我应该去学校参加开学典礼了。不过我已经毕业了，也就用不着再去学校了。这样一想，我还是有点小小的亢奋，毕竟从六岁开始，每到 9 月 1 日，都要被迫改掉假期里睡到自然醒的好习惯，硬着头皮到学校去。不过很可惜，这天早上我还没来得及为了“再也不用去学校”而高兴太久，就先一脑袋摔在鬼门关的大门口了。

36. 海南小镇发生意外

我的左手肘有些旧伤，一遇到阴雨天气总是隐隐作痛，理疗师建议多休息放松。我的左手肘所受的伤,叫作“尺骨鹰嘴粉碎性骨折”。这是一种常见的创伤，但是很可惜，现代医学依然不能有效的提供一种完美的治疗方法，大多数患者都会留下后遗症，例如手臂无法自如弯曲或是伸展,提拿重物时无力,严重者甚至会对肩膀产生损伤。

我的左手肘在约半年时间里，总共经历了四次手术，第一次在海南,之后三次都是在荷兰。荷兰的医生和理疗师根据我的恢复状况,将我在海南所接受的第一次手术定义为需要进行更正，并且陆续安排了手术和恢复方案。我手肘上所安装的一块钢板和九枚钢钉，被荷兰的两位骨科医生分别替换并最终完全取出。最后一次手术两个月后，理疗师认为我的手臂已经恢复到我可能达到的最大限度，恢复治疗也彻底告一段落。直到前几天我又再为了左手肘而求医问药，关节疼得厉害不说，弯曲的时候还发出嘎巴嘎巴的响声，把我吓得一身冷汗。所幸医生检查过认为不存在功能性的问题，只道疼痛或是异响，都属于常见的后遗症，一来自己多加小心，二则如有不妥，再来问医便是了。无法完全舒展伸直的手臂，只是我所经历的那场意外为我留下的纪念之一。这些纪念有大有小，轻重不一，有的还有些蹊跷怪异。若是要桩桩件件细细理来，自然还是要从我在海南的一个小村镇上所发生的意外以及这之后住院的遭遇说起。

我发生意外的地方，是海南岛西部一处小村镇外。小村隐在层层山中，名字很古，像是一盏贫老农民寒夜里在乌黑小桌上点起的微弱油灯。名字虽老迈凄寒，小村风景倒是极美，终年温暖，村头有几处馄饨摊子,卖的包子是白糖馅儿儿。村尾连接繁忙的省级公路,眼看倒颇有几分欣欣向荣之相。我和牙哥骑车穿过这村子，吃了些馄饨包子，无意停留，匆匆沿省道继续前行。

后来我沿着牙哥的记忆和我们能寻找到的线索，大概猜想出了意外的过程。我骑着自行车沿山路下坡，自行车刹车失灵，我沿下坡路滚出去了。虽然记忆已不清晰，但有两点可以确认，其一是我沿路俯冲的速度不会很快，因为我在距离没有任何防护围栏的山崖前几步处停了下来，如果我冲的再快一点点，肯定是要滚落到山谷里去了，恐怕要过上一分钟才能听见我的尸体落地的声音。其二是我很好保留了作为动物的求生本能，我在这样的关头用左臂抱住了自己的头，否则我恐怕也是小命难保。虽然我根本不记得自己是怎样做到了这两点，但是我为此深感庆幸。其他细节已不可考，无论我怎样努力试图回忆，眼前都只剩一片漆黑。

漆黑过后，我最初能够忆起的一点光亮，竟然是手机的屏幕。手机绝对是人类历史上最伟大的发明，如果没有它，我很可能已经小命不保了。

牙哥将我拖到路边安全的地方，然后我们开始使劲地打救援电话。欧洲绝大多数国家都接受112这一统一紧急电话，在此基础上，急救、报警和灾害事故等紧急救援项目，也可以自行设置额外的号码，并根据线路繁忙程度进行自动转拨，从而保证在极端突发状况下，求助人可以在第一时间得到救助。荷兰只使用112这一个紧急电话，电话中心的工作人员会根据通话位置以及现场情况调动求救者所需的救援。德国在112的基础上，添加了额外的报警线路110，紧急救援力量同时听命于这两条线路的调度。再比如以“唯恐场面不够混乱”著称的法国人，甚至还按照伤势类别设置了不同的几个急救电话，不过 112 依然是一棵万能的救命草。正常情况下，在欧盟范围内购买使用的手机，可以在没有插入 SIM 卡或被锁定的情况下拨通 112 紧急电话。这听起来确实很高端，但是未必很科学，因为这完全忽视了可能发生的最恐怖的情况——电话打不通。而各自分开为战的急救号码就可以有效解决这个难题，求救者打不通第一个号码再打第二个，打不通第二个还可以打第三个，只要手机电池够充足，他可以打到天长地久，直至吐血而亡。我比较幸运，血还没吐出来，派出所的电话就打通了。电话那头的警察同志（同志，为对革命伙伴最亲切的称呼，带有强烈的革命浪漫主义色彩，本人在任何情况下使用“同志”一词，皆做此意。同志一词在流行汉语中另有含义，但与本文无关。）对我说：“你坚持一下。”我说：“好。”

37. 漫长的等待

我在进行了多次尝试之后，终于与村派出所的同志取得了联系。派出所的同志根据情况做出了判断，认为有必要派一辆汽车过来，先送我到村里的卫生所做初步检查，若无大碍最好，自然也不必给市里的医院再多添麻烦。挂电话前，他特地嘱咐我，坚持一下。我当时明显是受了很严重的精神刺激，因此在电话里将自己的情况叙述得极其吓人，简直就是摔得血肉模糊只剩半口气的状态，警察同志鼓励我坚持一下，想必是基于此。我放下电话，再对牙哥简单说明了情况。他想必是还没有反应过来，只是满脸阴沉，并未多言。等待派出所派出来的警车的过程，其痛苦和尴尬程度，对于牙哥来说，恐怕比我更甚。等了不过一刻钟，牙哥已经不耐烦，开始不停地嘟囔究竟什么时候救护车才能到。我没有回答他，我没有力气可以再用来向他解释这些，而且我开始隐隐约约地感觉到了不舒服，左臂发沉，由骨头里一阵阵地泛起凉意，凉意里夹杂着越发明显的疼痛。虽然我用手臂护住了头，但是还是免不了蹭破了一大片头皮。血流下来，流进我的眼睛里。我的手机响了，是派出所的同志打来的，我问他："能不能快一点？"他说："再坚持一下，很快就到了。"我说："好。"

牙哥已经逐渐失去了等待的耐心和信心，他试图想将我背去村里的卫生所，我们才发现我左侧乳房以下到胯骨之间已经血肉模糊，每一次呼吸都伴随着巨大的疼痛，我根本分辨不清是来自皮肤还是来自肋骨或是内脏。依靠他人的帮助，是我们唯一的选择。于是我们开始又试图向路过的车辆求助。即便牙哥没有使劲地向路上往来匆匆的司机们挥手，我们两个也足够显眼了。你想想也是，大白天的路边有两个呆头呆脑的人，一个是金毛，一个满身是血，任谁都会好奇，要踩一踩油门，瞧瞧这是个什么热闹。有人停下来，车窗才一摇开，我便迫不及待地问道："你可不可以送我去医院？"司机没有直接回答我，而是问我："你打了什么急救报警的电话了没？"我说："打了，报警了。"他"哦"了一声，犹豫起来。村里没有医院，附近也没有医院，最近的医院要到市里去，路很远。我害怕司机可能是在犹豫这段路程耗费的时间和汽油太多，于是我对他说："我给你钱。"他"哦"了一声，又再犹豫起来。我没有办法了，我只能乞求这个素昧平生的人的一点怜悯，我只能说："我求求你。"司机叹了口气，安慰我道："警察应该快来了，你再想办法坚持一下。"说罢，他缩回车里，关紧车窗，开走了。最终还是派出所的同志将我们送到了村里的卫生所。在坚持等待的那些时间里，派出所的同志打了几次电话给我，每次在电话里都有人告诉我，车很快就会来接我去卫生所了，很快了，坚持一下，再坚持一下。我很感激打电话给我的警察同志，他鼓励我坚持一下，我也确实坚持下去了。只不过我能坚持下来的原因跟他的鼓励没有一点关系，而是我很清楚地知道，坚持不下去也没有用。不过我现在着实对手机非常依赖，对手机的电量也很敏感。我有个习惯，总喜欢不停地给手机充电，充满为止。如果手机的电量降至一半以下，我会从心底感觉不舒服；如果电量降至三成而又无法立刻给手机充电的话，我甚至会感到坐立难安。这是个不好的习惯，可是我改不掉。因为给了我希望的，是我的手机。

38. 一片冰心在玉壶

在荷兰，想进医院进行治疗是件很困难的事情。普通非急救患者需要先向自己的家庭医生进行咨询，经家庭医生检查和对治疗结果的评估，判断是否有必要在医院里为患者安排进一步治疗。家庭医生的诊所通常属于某一健康中心，规模较大的健康中心同时配有药房和理疗康复中心，还有心理医生诊所，我甚至还见过配有听力康复和语言障碍帮助诊所的。以我个人的经验，荷兰的健康中心和中国乡村的卫生所从表面上来讲是比较类似的。健康中心的医生虽然有处方权，但是受医疗设备和其他原因的影响，他们为病人所提供的治疗也是有限的。这种限制导致急救人员一般会将病人直接送到医院，以避免不必要的时间拖延。

派出所的同志到达事故现场并且仔细的了解了情况以后，决定先将我们送到村里的卫生所。海南省的交通极度便利，开车到卫生所只需要十分钟的时间。卫生所的医生见到我，马上就做出了判断，要尽快送我到市里的医院去。这个小村处在两个城市正中，联系哪一边也成了个难题。医生想了一下，说："联系某某市的 A 医院吧，那里条件好一点。"派出所的同志照办了。卫生所里来了不少看热闹的村民，有人问派出所的同志，看这样子这两个人肯定不能再骑自行车了，这自行车还挺贵，打算怎样处理？派出所的同志来问我，我说一辆自行车恐怕已经摔变形了，安全起见最好扔掉，另外一辆自行车谁愿意要自己拿去。派出所的同志转达了我的意思，自行车要拿随便拿，拿完有什么毛病算自己的。村民们于是渐渐散开了，派出所同志也不继续耽搁下去，要回派出所处理事情了。临走的时候，同志有一点不好意思，对我说："早上刚好开车去处理村里的打架斗殴了，派出所里只有一辆车，所以只好耽误了一点时间。市里的医院已经联系过了，他们争取尽快赶过来，再坚持一下。"我们在卫生所又等了一段时间，市里面堵车，救护车因此也就再耽误了些时候。

我不知道是吓晕了还是失血过多又等了一个上午累晕了，除了止疼片以外我不想吃任何东西。虽然牙哥也已经被救护车气晕了没什么胃口，但是为了保住小命，卫生所的护士姑娘给他的方便面他还是老老实实地吃了，没有进行任何抵抗。等到牙哥吃完方便面，救护车才“哎哟哎哟”地惨叫着停在了卫生所的大院里。卫生所的医生趁着抬担架的工夫，替我再打了一针止痛，塞给我一大把止疼片。

救护车将我带去市里的医院，路上依旧有些堵车，颇费了些周章。到医院后，初步检查的结果是左臂鹰嘴尺骨粉碎性骨折，需要手术。为了避免我在北京的爹娘当场心脏病发，牙哥不敢用爹娘替我办的银联卡，只得用我们的荷兰银行卡取钱交纳手术押金，也是费了些工夫才找到能够取款的地方。医院急诊大厅的不知是大夫护士还是什么别的乱七八糟什么人，看我满身是血实在太可怜，拿了一个折叠凳给我，让我坐着等。我就着自己的口水，把医生给我的那些止疼片全部吞了下去。且不论这种举动是否对健康有益，确是绝对明智，否则还不等推进手术室，我早就已经活活疼死在急诊室里了。那种白色的止疼片装在一个薄薄的透明塑料袋子里，袋子好像连密封性都做得不怎么样，看起来脏脏的。包装得再怎样粗陋也好，那一片片小小的止疼药，依然洁白如玉。乡野山村，穷乡僻壤之地，悬壶济世之人，慈悲洁净之心，只有清风明月为证。

39. 小镇的住院生活像开 Party

我受伤之后几经波折，终于在海南某某医院接受了手术，并且在医院里留院居住了一段时间。为了避免我的爹娘受到更大更严重的刺激，我和牙哥商量等回到荷兰以后再把整件事情具体向他们说明。牙哥暂时在医院门口的酒店住下，每隔三个小时来病房里陪我，三个小时候后再继续回酒店休息，如此持续到我出院为止。九月初的海南岛依然是盛夏酷暑，病房里却只有一盏极小的电扇供这间屋子里的人们解暑。大约是工作太繁忙，护士姐姐扔给我的病号服像是还没有来得及清理过的，背后有一些前人留下的血迹和汗渍，牙哥要求更换无果后，我只好在病号服里面穿一件贴身的棉T恤，外面再套上病号服。毕竟嘛，住院不穿病号服成什么体统，医院也是坚决不允许这种违反规定的行为的。天气本就热，我做完手术的伤口疼得厉害，又穿着双层的衣服，用不了三个小时，我身上就已经全部被汗湿透了。所以牙哥只能不停地打来热水替我洗澡，给我换贴身的衣服。

除此以外，牙哥还要替我拔点滴吊瓶的针头。我的左手肘在手术后连续数天，都不停地向外渗出血水，引了不少苍蝇来我的胳膊上开Party，从早开到晚。牙哥为此多次骚扰了大夫和护士姐姐，要求替我换纱布。纱布虽然没有换，大夫还是非常贴心的替我开了很多抗生素和生理盐水。我躺在病床上，药水滴滴答答的流淌进我的身体里，与细菌病毒做着激烈的斗争，药水从早流到晚，没有一刻停歇。药水瓶大小不一，吊瓶所需时间有长有短，护士姐姐又非常繁忙，哪有闲心思关注哪个病人的打吊瓶进度。一瓶药水打完，护士姐姐该来换下一瓶的时候，我的病友们基本上都是用嗓门把姐姐吼来的。如果牙哥不在身边，我那个病怏怏的样子，真是没有这个本事。这样一来耽误的久了些，吊着的空瓶和我血管里的压力产生差距，我的血就被倒抽回管子里，有时候能抽得老高，晶莹剔透的纤细吸管里，虽然是疼了些，瞧着也是怪好看的。即使牙哥在身边也没用，他脸皮薄，去找护士姐姐问她换吊瓶，问十次也不见来人。于是乎牙哥就必须壮着胆子替我拔掉打吊瓶的针头，你总不能让我用那条断了的左手去拔吧。

抗生素和生理盐水打得多了，虽说能保证我不会感染而死，也带来了一个很尴尬的麻烦——我总是想尿尿。病房里不开空调想必也是有这方面的考虑，多出一点汗，水分也就排出去了，何况气温如果太低，人更容易想要排尿。这么贴心的安排我当然是心怀感激的，只是本人实在没出息，总是惦记着想尿个痛快。起初这事情我不太愿意麻烦牙哥，虽然说我们也同居一段时间了，可是排泄这种事情，还是有点囧。于是我也只好忍着，等到牙哥出去，才向来给我打抗生素的护士姐姐提出了想要上厕所的要求。护士姐姐问我："你可以走去厕所么？"我没出声。护士姐姐见状，也明白想把我从床上弄起来不是件容易事，只好叹口气，又喊来了另外一个小姑娘。这小姑娘看着不过十七八岁的样子，穿着护士服，怯生生的。护士姐姐把牙哥买回来的便盆递给小姑娘，嘱咐她扶我起来。小姑娘用惊悚的目光望着我，又望着那个刚刚拆开包装的雪白便盆，依旧是那样怯生生的，直看得我心生怜悯，再一想到要让这姑娘来接我的排泄物，顿时觉得自己禽兽不如。这件事情使得我产生了一些轻微的心理阴影，此后在医院里连续一周多的时间里，都只敢要求牙哥扶我坐在便盆上解决生理需要。小护士妹妹的眼神，使我产生了强烈的对于自己排泄物的羞愧，愣是便秘了一个多星期，急得牙哥上蹿下跳，如果不是我坚决激烈的反抗，医院给我的账单上又要加上开塞露这一项了。直到出院，由我娘带路逃往三亚某五星级酒店的豪华大套房当晚，我在马桶上足足坐了一个多钟头，才摆脱了这严重的便秘。

写到这儿，想起来我大女儿米儿两岁的时候，开始使用学便盆。对她来说，学便盆看起来更像是一个玩具，她经常会抱着盆满屋满院的跑，忘了她坐上去的初衷。每当米儿经历了一番折腾，顺利地在学便盆里留下一堆臭臭，牙哥总会端着他女儿的战利品，欢天喜地一蹦一跳的去打扫，就差没飞起来了。这样的时候，我都悄悄会对那位小护士妹妹充满感激，如果不是她那双像受了惊吓的小鹿一样无辜的眼睛，吓得我便秘了一个多星期，我想牙哥一定不会对米儿的排泄物表现得如此热情。

40. 夜半歌声

我现在偶尔会想起在海南住院时的几位病友来。我在海南某某医院，住的是一间六人病房。牙哥很不喜欢病房里面的人，或者说不止这间病房里的人，他恨不得讨厌整间医院的人。尽管牙哥这种反感始终不曾真正退去，他也不能不悄悄地对这些人产生好奇之心，甚至有些许的敬佩。由于医院的环境非常特殊，即便是自诩走南闯北多年，什么鸟地方都去过的牙哥也对此深感震惊。仅有的几次谈起这段经历时，牙哥总是充满困惑，为什么医院里的那些人们都会那么快乐？这个问题的答案对牙哥来说是根本无法理解的，因为这背后隐藏了中国人的人生哲学，其意境之高远，非国人而不能懂。

这间病房里总共有六张病床，住了四个病人。我睡在靠窗的病床，对面靠窗病床上是一位四十来岁脚踝骨折的大哥，大哥旁边的病床上是个沉默的老大娘，老大娘旁边的病床上在几日后又再添了一位新的病友。如果不是这位新来的病友，想必我还能咬着牙在医院里再多坚持几天，也无须为了出院而不停骚扰百忙之中的大夫护士们了。我隐约记得这位病友来到这间病房时，身旁四周黑压压围满了人，我也来不及看清楚他是自己走进病房来，还是被人抬进病房来的。这位病友是当地人，不久前在外面的大医院里做了腿部的截肢手术，行动虽尚不能自如，恢复得已经很不错了，没什么大不了的。

病房里白天总是热闹的，前来串门聊天吃饭喝酒的各路亲戚朋友络绎不绝，人多得连坐的地方也没有。我有时去做些检查，离开病房短短一刻钟，回来时病床早变成酒桌了。我以前一直以为只有东北农村，人们由于极寒气温而习惯在炕上喝酒吃饭，想不到温暖如斯的海南医院里，也有这样的民风。几个大哥盘腿坐在我的病床上喝酒吃烧鸡的场面，着实也是让我长了不少见识。入夜以后，病房里渐渐只剩下病人和家属，也就慢慢冷清了下来。国家提倡节约，病房里的空调素来是不开的，唯一的一台电风扇也渐渐停止了工作。没有了风扇艰难转动的吱呀声，夜便显得更加寂寞无声。虽说是要节省电风扇的用电，病房里的照明却是从不马虎的。天花板上那两盏一百瓦的大灯泡，白得发亮，亮得发烫。初到病房时，已有热心人教过我，用一方毛巾遮住双眼便可阻挡光源安然入睡，若是毛巾薄了些，那就多折叠几层，用力遮住眼睛便是了。病房里的大灯彻夜不息是老规矩，我无心更无力去熄灭它，可惜我实在娇气，若是不想些法子出来想必是睡不着的。既然还想留住一条小命回去逍遥快活，无奈之下我也只得照办了。

在病房里的头几晚，病房里总算还是安静，尽管我每晚还是要因为闷热反复醒来很多次，总算也是能勉强入睡的。新病友到来的第一个晚上，我便彻夜未能入眠，因为他在病房里开了一场个人演唱会。平心而论，病友的声音很好听。很巧，他唱的是一首我很喜欢的歌。

遥远的夜空
有一个弯弯的月亮
弯弯的月亮下面
是那弯弯的小桥

我顺着那歌声，望向窗外。我真恨那白炽灯泡，恨它烫疼了我的眼睛，叫我看不见窗外的月亮。东坡有问，何夜无月？东坡不必再问了，南国之夜，以灯为月，灯光夺目，阴晴圆缺悲欢离合的月亮只去洗洗睡了便是了。灯光彻夜不息，对于我们这些疲惫不堪的病人和家属们本就是一种折磨，无奈之下大家也只好自欺欺人，装作黑夜里安然入睡。我觉得累了，想装作什么也听不见。可夜空里的那歌声格外动人，清净如玉，明朗如镜，在闷热的南国夏夜划过，如同一只从高处跌落的青瓷。青瓷跌落，惊起梦里蒙在毛巾里睡着的人。有人怒吼，还有人叫嚣着要去找护士来，甚至有人干脆把祖宗十八代都骂了一个遍。我已经不记得后面具体的事情了。总而言之，我认为这种日子我再也坚持不下去了，闹着要出院，闹得很厉害。大夫起初有些犹豫，大约是想着我将来恐怕也不会跑那么大老远千里迢迢去找他的麻烦，也就勉强同意了。

离开病房在即，几位病友一一惜别，我自觉脱离苦海，也有精神同他们聊上几句了。由于我婆婆长期与义肢使用者打交道，我对那位喜欢夜半高歌的病友的治疗方案也有些好奇，便与他多聊了两句。我问他："你会装义肢吗？"他没有答我，而是反问我"你们在外国一个月工资有没有八千块"这个问题，在我住进这间病房的时候就已经被问过无数次了，我不想惹麻烦也不想扫他的兴，只好像之前一样含糊地说："我们没有什么钱。"病友又问："我们这里很差的，你们外国那里医院素质好一点哦？"不等我回答，他又像自言自语地说下去："我们这里很快就要搬新医院去了，条件很好的。"这话我也听护士姐姐说过很多次了，她在替我换吊瓶时总要抱怨病人和家属的素质低下，随地吐痰乱扔烟头，无论她怎样劝阻，照样有人在病房里喝酒打牌，还把嚼过的槟榔吐得满屋子都是。每每抱怨过后，她总会告诉我，搬到新医院以后，大家的素质就会好起来了。我想起护士姐姐的话，勉强对病友含含糊糊答道："没关系。"我和他继续聊下去，才弄清楚病友没有读过几天书，原本在一家国营农场做劳力，做工时受了伤，幸运的是被鉴定为工伤，一条腿换来了一份清闲稳定的工作和妻儿生活的保障。我听了，不知是该说什么好，只又再问他同样的问题："你会装义肢吗？"他哈哈一笑，回答我："不要啦，很贵的。"我见他笑，反而觉得有些酸楚，想劝一劝他不要为了钱而放弃。病友听了，满不在乎摆手道："没有关系啦，切掉一条腿一样啦。饭也是一样吃啦，婆娘也是一样摸啦，没有关系啦。"病友说罢，哈哈大笑，露出一口腐坏的牙齿，想来是长期吸烟酗酒又嚼槟榔的缘故。他笑的声音很大，以至于有点傻乎乎的。

大智若愚，是中国人做人的最高境界。有大智者，才不外露智不外现，只修身养性，自在天然。睡得着觉那便睡，睡不着那便不睡，有腿那便有，没有了也无所谓，日子好与不好都不要紧，好了那便好好过，不好那也就由他稀里糊涂的去，开心就好，何必在意。如此境界，堪称大智。只是"若愚"二字，怕是过了火候，一不小心，就变成了"真他妈傻"。

41. 回荷兰重做手术

我们一家每年暑假都会去朋友开的农场露营。在顺利回到荷兰之前，我着实还在海南经历了一些周折，过程跟打游戏升级差不多。我承认我打怪的能力很差，牙哥虽然自称"什么鸟地方都去过"精通打怪，真正下了场子还是被怪打得灰头土脸。如果不是我娘出手，我和牙哥早就被怪揍得鼻青脸肿了。打怪过程中的细节，我不想细数了。总而言之，我娘是位伟大的女性，我深深地为那些从我身边匆匆路过，目不斜视的错过了这位伟大的丈母娘的小伙子们，感到惋惜。

在我们到达荷兰前几天，我公婆已经代我联系了我的家庭医生，大致交代了情况。家庭医生又再与综合性医院取得联系，为我安排了一位专门负责的骨科医生。这位医生眼睛长得很大，眼角却向下耷拉着，面无表情，没有态度，语调下沉，语气迟缓。回想起我在三亚等待回荷兰的航班期间，在某三甲医院复诊过一次，门诊里的小大夫瞧了瞧我的 X 光片和胳膊，慷慨激昂地告诉我大可放心，手术非常成功，一点问题都没有。小大夫看样子毕业没多少日子，小身板贼精神，啪啪排起胸脯来肋骨都哗啦啦地跟着共鸣。相比之下，这位医生看上去跟一个泄了气的皮球没什么差别。他一张嘴更让人泄气，他说："我还没有发现严重问题，目前还不能下任何结论，一切要看后续治疗的情况。我现在只能告诉你，手臂完全恢复到受伤前状态的概率，非常低。"

所谓后续治疗，即是我每隔一或两天，到我家附近的理疗诊所去做康复练习。我的左臂平时用塑料夹板固定住，吊在脖子上，做康复练习时取下夹板，在理疗师的协助下做一些简单的活动。同时由于我的左臂长期保持统一动作，给左侧身体造成了很大的负担，理疗师还需要帮我进行按摩以缓解不适。每次治疗的结果都由理疗师翔实记录存档，并且向家庭医生反馈信息。

无聊的复检不咸不淡地做了几个星期，理疗师和家庭医生认为我的手臂恢复状况不乐观，需要骨科医生的进一步检查和指导。所谓康复进展这种东西，听起来都觉得怪虚无的，能在这里面看出名堂来，想来可也真是个功夫。我于是又预约了泄气皮球医生，再一次聆听他没有任何语气变化的讲话。我一大早赶到医院，泄气皮球逼着我，把我之前对着理疗师和家庭医生说过的一番话，仔仔细细地再反复叙述给他听。大致说起来，就是我的左臂在手术之后只能保持 90 度角弯曲的姿势，无法自行活动。理疗师判断，手术后三至四周，我应该可以开始在她的协助下伸展和弯曲手臂。但是她在试图帮助我做弯曲或伸展动作时，都发现严重受阻。最重要的是，这些简单的练习，会引起我的不适。这些内容其实理疗师和家庭医生早就已经与泄气皮球医生沟通过了，也详细记录在我的病例中了，可是泄气皮球医生还是反反复复地询问着各种细节，活活把我给问得都不耐烦了。他认为稳妥起见，我需要重新拍一次 X 光片。X 光片拍出来，他又认为，为了更稳妥起见，我需要再做一次 CT。

X 光片和 CT 出来的结果，泄气皮球医生与另外两名同事进行了分析讨论。当下的状况是，我左臂中所安装的一部分钢钉过长，且位置有些偏。几位骨科医生讨论后一致得出结论——我需要重新接受一次手术，而且越快越好。老实说，我当时是很拒绝这样的治疗方案的，因为是我根本没有意识到，这几颗位置不当的钢钉，究竟能有多大的能耐。我在海南即将出院时，大夫曾经嘱咐过我，叫我有空自己多动动伸展胳膊，使劲，自己动不了就让别人帮忙掰，掰不动就再使劲，肯定没问题。但是泄气皮球医生非常明确地告诉我，无论我怎么想办法，我的手肘也只能保持 90 度角弯曲，因为这几颗钢钉，刚好卡在骨头上。我不乱动便罢了，用力过猛反而会使情况更加糟糕，重新手术是唯一可行的办法。

泄气皮球医生那张脸很长，很适合去当中学的教导处主任。我没办法，只能硬着头皮答应手术，但是仍然羞答答的想求他网开一面，晚些安排手术。当时已是 10 月初，我在不到一个月以后就要结婚，此前种种已经让我和牙哥足够狼狈了，这样的节骨眼上，再加上一场手术，我简直不知道我的婚礼要变成一副什么样子。长脸的泄气皮球没有答应我，原因是手肘骨折后的四至六周时间，对于肘关节功能恢复，极为重要，一刻也容不得耽误。他说："你只有一条左臂，你只有一个身体，你只有一次生命。"他面无表情，没有态度，语调下沉，语气迟缓。

我的手术是在这次谈话之后两天进行的，由于泄气皮球医生的时间表实在太满，只得由另外一位医生主刀。我躺在无影灯下等待手术，医生站在我身旁，极简短地向我描述了手术方案。一个人走上来拉住了我的手，他说："我是 Marc，我是这场手术的麻醉师。"之后的事情我不记得了，等我醒过来的时候，手肘里面已经换上了新的钢钉。我的左臂恢复得还算是不错，钢钉钢板当然也都陆续取出来了。2012 年圣诞节的时候，我和牙哥在大加纳利岛度假，给家人朋友寄圣诞卡的时候，也寄了一张到医院去。最后一次去医院见泄气皮球医生复诊，大约是 2013 年春天。他嘱咐我了一些注意事项，有问题要及时就医之类的话。我临走时，他提到了那张我寄给他的圣诞卡。我说："我感激你。"他说："谢谢。"他面无表情，没有态度，语调下沉，语气迟缓。

米儿，在游乐园玩耍

第二篇

THE
MAKING
OF A MENTALLY STRONG
GIRL: STUDYING ABROAD
ALONE

荷兰生活

42. 放羊的哲学家

我们一家每年暑假都会到朋友开的农场露营几日。开农场的大哥是名校博士，主业放羊种地，养猪养鸡养牛养狗，他还是个哲学家、建筑师、诗人、情种和兽医。

农场里住着他的妻子，两个儿子，很多牛羊，还有看家的四季宝儿。（Skippy，我叫她音译名四季宝儿一条 16 岁高龄，生育过 12 条小狗和无数孙子狗的奶奶辈大狗）她看见我们，既不叫也不吼，直接过来蹭腿握手求拥抱，有时候干脆直接躺下，要我们摸她的肚皮。

这事儿也邪了，只要我出来露营，肯定赶上刮风下雨冰雹砸。到了露营地，帐篷一支起来，不超过三个钟头，肯定狂风大作雷电交加，一直下到我们帐篷收起来灰溜溜回家转。从荷兰到德国，再到比利时，甚至到爱尔兰，走到哪儿都这样。你要想求雨可以找我去，包你满意。当然了，你也可以找“雨神”萧敬腾，但是他的出场费应该会高一点，我就需要个道具—帐篷。

我们每每去农场，回来时总会买些他们自家的羊肉。农场大哥家的各种肉制品很畅销，我们生怕去得晚了就买不到了。农场大哥家里养的牲口，出来的肉都很贵，做的大多是熟客的生意，经常是羊还没被送进屠宰场，买肉的人家里的锅早就支上了。我虽然贪吃，但是品味和鉴别能力都比较差，除非是天差地别的品质差距，不然我很难区分出来。比如这紧俏的高价羊肉，我就吃不出它有什么特别来。尽管如此，身为收入不高负担不少的中产阶级，我们还是年年上赶着去买这羊肉。

能够结识农场大哥，我感到很荣幸。农场大哥比牙哥大十岁，是牙哥小时候的邻居，目击了牙哥颜值的巅峰岁月，算起来他们初次见面也是三十几年前的事情了。牙哥稍微懂点事的时候，农场大哥就离开家去上大学了，学的是兽医专业。之后他挂牌行医，医术高明医德高尚，很快便风生水起。牙哥则从小正太变成了青春期熊少年，颜值一路暴跌。农场大哥和牙哥最初的友谊，可以说是在智慧大哥围观牙哥惹祸和被打屁股的过程中建立起来的。尽管缺席了牙哥的整个青春期，于牙哥来说，农场大哥是他人生中非常重要的一位朋友、兄长，甚至是人生道路上的启蒙老师。

听牙哥说，等他们偶然重新联系上的时候，农场大哥已经放弃了兽医的工作，那是十几年前的事情了。我们去他家里做客的时候，看到有一面墙上贴了很多信件，邮戳告诉我，有一封信是从苏格兰寄出的，另一封是从挪威寄出的，还有很多很多的地方。这些信是农场大哥在结束兽医诊所以后，徒步游历欧洲那几年间，他陆续写给自己的。路途中他每每有所感悟，便记录下来，邮寄回自己在荷兰的家中，他那几年期间都没有回过那个家。我听他讲过，他曾经在苏格兰冬季冒雨赶路，入夜后在树林里露宿，寒冷使他一夜难眠，第二天早上发起了高烧。所幸在不远处找到了人家得以去医院急救。除非万不得已，他避开城市，只靠自己的双脚前进，睡在简易的帐篷里，在河里洗澡，尽管他有着丰厚的存款，足以让他坐在头等舱里，飞向豪华的五星级酒店。曾经日复一日的兽医工作，另这位年轻人感到困惑而苦恼。他试图通过这种苦行僧的修行，向自然寻求智慧的点化。

“我的猫需要切除指节。”

“我的狗需要做绝育手术。”

“我的兔子有一条腿受伤了，治好它需要多少钱？什么？一千？那还是给它打一针，让它安乐死吧。”

因为人不想让猫抓坏家里的沙发，就切去猫的指关节。人不想让狗繁衍下一代，狗就被剥夺了自然所赋予的最基本的功能。人嫌价格太贵，兔子为了这不愿支付的钞票而丧失了生命。人饲养其他动物，人成为这些其他动物的主人，主人决定了动物的命运。但是人有没有权利，宣称自己是自然界其他生命的主人？有没有权利随意处置这些被人占有的自然？如果有，又是谁赋予了人这样的权利？人与自然之间，究竟是怎样的关系？人又该怎样做，才能与自然达到和谐？“我还没有找到答案，我还在寻找答案。”农场大哥说。农场大哥十年前在旅途中寻回了自己的挚爱，他们是大学同学，亦是彼此的初恋。他的妻子有一半的波斯血统，身材很娇小，我能够想象得到，她那双碧绿色的大眼睛中闪烁的动人光芒，能够让初恋情人在分别的二十年间魂牵梦萦。他们立即结了婚，在不到两年的时间里迅速地生了两个儿子，带着两个儿子回到荷兰，在农场里安置下来，并且继续以自己的方式来寻找答案。他们农场里的动物，一律放养，他为他们制作特殊的食料，尽可能还原这些动物在自然环境下的食物，避免在发情期干涉他们，想孵蛋的就孵蛋，不想孵蛋的就自己一边玩儿蛋去。在土地以及其他自然资源价格飞涨的今天，我猜你也能想象得出来这成本有多高。这些动物这样自由而昂贵的活着，听起来好像还是不错的，但是他们也要付出相应的代价——除非是致命性或传染性的伤病，他们得不到治疗，想要康复只能靠自己，自己靠不住的时候他们只能死去，尸体被销毁掩埋。那些没有生过病的动物们，总有一天也会被人类吃掉。为了生计，他同为兽医的妻子在操持农场的日常生活之外，依然挂牌行医，只是她只在动物身患无法治愈或传染性疾病时，提供对动物的救助治疗，或是出于人道的考虑，为他们执行安乐死。比如难产的母牛，误食了人类降压药的狗，或是再也站不起来的，被衰老和疼痛折磨得夜夜嘶鸣的一匹老马。

人与自然之间的和谐，不止一个人试图探寻过。农场大哥现在所做的，是他用以探寻这种和谐的方式。他的所作所为，我无法分辨其中对错，亦无资格评判对错。人与自然之间，究竟怎样才算作是和谐，我无从知晓，更不知该如何知晓。我所能做的，只有去吃农场大哥家的羊肉，以此来让他知道，我们支持他不断探寻的坚持。

我吃着盘子里的那巴掌大小，价格折合成人民币却要上百块的羊排，除了心疼，舌头实在品尝不出第二种滋味来。牙哥的品位比我还要粗俗，想必也是尝不出个所以然来。至于女儿，她还小，嫩嫩的牙齿连羊排上的肉都嚼不动。但是这羊肉对我们来说意义深刻，因为我们都发自内心地想要追求与自然的和谐。我们坚信，人绝对不是自然的主人，人依附于自然而生。人可以为了千百种理由去打扰自然，但是必须要适可而止，肆意践踏试图摆布自然，是绝对错误并且愚蠢的。学不会适可而止么？那就有一点麻烦了，自然很可能会发脾气的，我希望我永远不要见到这样的景象，我希望我的子孙们也永远不需要见到。我猜自然发脾气的样子，比我女儿发脾气挠枕头要吓人得多了。

43. 小镇“反对超市扩大规模和搬迁”运动

今年夏天，我们住的小镇上破天荒的发生了一件有意思的事情。这件事情实在是太好玩儿了，使得我们这个终日安静得令人犯困的小镇总算能热闹一阵。

这件事情，是关于镇上唯一的综合性超市是否要重新选址的争论。我们的小镇居民不过几千，两条大街十字交叉穿过，十字路口四周分散着几条窄巷。十字路口东侧的街上有几家小店，有卖宠物用品的，有卖日化杂物的，有一家蔬果店，一家专卖奶酪和红酒的，还有一家鱼店。十字路口的西侧则有镇上唯一的一家综合性超市，规模不大，商品也算不上太齐全，对付日常生活倒也足够。就是这唯一的一家综合性超市，在几周前突然打出了通知，他们要搬迁了！搬迁以后仍然在小镇里，计划在小镇东侧兴建一个购物中心，新的超市规模将远超目前，可以最大限度地满足居民的日常采购需求。

老实说，我们一家在听到这个消息的时候，最初几乎没有任何反应。超市的新址到我家的距离确实变得远了一些，但是超市的规模扩大，商品变得更加丰富，听起来也是不错的。因此对于超市的即将搬迁和扩建，我们既不认为是好事，也不认为是坏事，只把它当作一个再寻常不过的，即将发生的变化而已。

我们这样的中立态度仅仅只持续了几天，就被一张突如其来的传单打破了。这是一张白色的纸条，最上面用黑色的墨水印着大大的“反对超市扩大规模和搬迁”。这行大大的结论下面，给出了理由一超市所选的新址，目前是一片用于居民休闲的公园绿地。这片地方距离小镇上的几家小店，仅仅隔了一条小巷的距离，步行不过三两分钟而已。突如其来的大型超市，在商品种类上、价格上所带来的竞争，都是这些小店根本无力应付招架的。倘若真是这样，恐怕这些可怜虫们不出几日便会乖乖缴械投降，申请破产了。这张纸的下面逐一列出了提出反对意见的几家店的名字，旁边附有店主的签名。旁边还有几个旁的签名，这些签名来自持同一意见的小镇居民。我经常会带着孩子去公园里玩滑梯和秋千，顺便到蔬果店买点水果，再去鱼店买鱼肉沙拉。镇上人不多，店主的记性通常很好，去过几次店里，他们就记住了我们。每次我带女儿去买东西，蔬果店胖胖的老板娘总会拿几个葡萄给她，有时候还会请她喝新榨的橙汁；鱼店的大叔有时候会多加上一块鱼肉饼，送给我女儿吃。平心而论，镇上这几间小店，在价格上的确没有什么优势，所卖的商品也算不上是什么俏货，但是却有浓浓的人情味儿在。普通小店的挣扎，我在天涯的经济论坛上看过很多类似的帖子，常常也会有人批评这些小店，不思进取不求上进，注定要被时代淘汰。这些批评的声音听起来如此正义，我一个无知妇人，实在不知道这些小小的个体，是否注定应该被时代进步的浪潮所吞没。但是一想到这种人情味儿也要随之被吞没，我们不由得也开始动摇了起来，似乎一个新的大型综合性超市，对于我们这个小镇来说，未必是一件好事。

如果这件事情仅仅是关乎于普通小店生死，我们未必会如此强烈地反对新建大型超市的计划。在收到第一张传单后的几天，又一张传单被送进了我家的信箱。这张传单的印刷质量并不比上一张高明多少，但是字里行间的分量却足足加上了几倍。前面提过，新建超市的选址目前是一片绿化公园，公园里有很多儿童游戏设施，如果这里变成商业设施，孩子们的游戏场所便会受到侵占。更重要的是，这片绿化公园的正对面，是小镇上学校的所在。在此大兴土木，施工期间空气污染和噪音都是无法避免的，而同时孩子们在咫尺之外的校园里学习玩耍，对他们的成长极其不利。而新的大型超市一旦建成营业，必然会增加校园周围交通的复杂性，小朋友遭遇交通意外的概率恐怕也会随之增加。近来一路暴跌的治安状况已经令人忧心，在学校门口矗上一座商业设施，来往人群复杂，想想就知道这有多令人害怕。这张传单末尾的签名明显多了起来，签得乱糟糟的，显得沉不住气似的。其实这也难怪，荷兰人对欧洲的现状普遍持担忧和悲观态度，孩子是他们眼里这个世界唯一的希望。突然有人想在学校门口大施妖法，荷兰人不集体翻脸才奇怪了。

就在我们一家人即将出发去过暑假之前，市政厅寄了一封信到家里来。由于正值暑假，是荷兰人的度假高峰期，很多人都不在家，我们同时也收到了电子版的通知。内容是说由于市政厅接连收到居民对新建超市计划的抗议，于是决定进行全镇居民投票，根据投票结果，再重新审议新建超市计划。考虑到正值暑假，居民并不一定需要到市政厅去，可以在网站上参与投票云云。

老实说，这个暑假我们过得还是有一点提心吊胆的，生怕投票结果是支持超市扩建搬迁。度假归来，打开信箱，发现一封市政厅寄来的信，信很简短，上面写着投票结果是反对在小镇的学校对面新建大型连锁超市，市政厅根据投票结果，否决了这项计划，学校门口仍然会是绿地公园，是孩子们游戏的地方，这是不会改变的。据我家那爱八卦的邻居老太太说，反对意见以压倒性的优势赢得胜利，她为此感到非常高兴，并且为此感到骄傲。

44. 牙哥的脑外科大夫二舅

今年夏天荷兰热得破纪录了。说起来荷兰人也是矫情，刮风下雨抱怨天气冷，难得暖和起来，又要没完没了地闹腾着说天气热。天气热起来，大家抱怨得起劲，公司老板潇洒地掏出了钱包，请大家吃冰激凌。公司老板作为资本家，在尽情压榨我们的剩余价值之余，竟然还有这样的觉悟，简直令我震惊。不过实在可惜，资本家大发善心请客的冰激凌，我吃得小心翼翼，吃完以后还要掏出针头来，在自己的手指上戳出几滴血，测试一下血糖，记录发送给护士姐姐。

我肚子里怀着大女儿的时候，检查出来有妊娠糖尿病。大女儿呱呱落地之后，我不仅要到妇产科进行复诊，还要到内科进行复诊。我产后恢复相当顺利，只是在内科复诊时，医生认为我“患上二型糖尿病”的概率偏高，需要控制饮食，还要求我和专门的护士保持联系，定期向她报告我的血糖状况，以便将来及时发现治疗。

平心而论，就我在荷兰这些年中并不算十分丰富的就医经验来讲，我对荷兰的医疗还算是满意的。有意思的是，我的婆家和医生颇为有缘。我婆婆三兄妹都读了医学院，除我婆婆中途出于家庭原因中断学业外，两个哥哥都顺利做了医生，他们的儿女也多数选择了从医。听我婆婆八卦说，她二哥是开刀的医生，还是脑外科的，特别酷炫。

牙哥的二舅现在六十出头，还不算很老，但是头发已经雪白，一年四季总穿着衬衫，领子熨烫得尖尖的。老头脸上的胡子刮得非常干净，再加上他几乎没有什么皱纹，使得他看起来冷冰冰的。不过老头笑起来的时候鼻子边上会堆起两堆小山似的褶子，配上一口不太整齐的白牙（我婆婆家的典型标志，全家人都长了一口乱七八糟的虎牙，非常奇特），看起来很可爱。这个可爱的老头是脑外科医生，曾经长年在颅内手术中担任主刀，不过当我认识他的时候，他早已金盆洗手，只潜心于研究工作。这背后的故事，老头自己不是很喜欢对人说起，我也是从牙哥那里听来的。

二舅在脑外科做手术，是在人的脑袋里面动刀子。把人的脑袋打开，该切的东西切掉，该装的东西装上，完事以后严丝合缝的重新关好，想象一下都会觉得这事情不是那么容易。现代医学高速发展，颅内手术的风险依然巨大。病人能不能从手术台上活着下来，永远是个未知数。即使病人活着从手术台上下来，在未来的岁月里，他究竟是可以像常人一样欢蹦乱跳，又或者是蜷曲在病榻上挣扎，更无人可以作答。接受这样高风险的手术，对于病人来说固然是巨大的风险和痛苦，但是站在手术台前的医生，又何尝不是要面对令人无法喘息的压力。有的时候，手术中的分毫失误，病人就要在轮椅上度过余生；又有的时候，即便手术过程中，医生的操作完美精准，分毫无误，病人的生命仍然会在手术台上永远终结。后者比前者还要可怕。不过话说回来，荷兰人普遍不是那么愿意体谅这些压力山大的医生们。在荷兰，医生属于绝对的高薪阶层，同时也享有相当高的社会地位。金钱地位，豪宅名车，是对医生所承受的巨大压力和高强度工作的回报。相应的，作为病人，有权利要求医生尽全力维护自己的健康和生命，容不得半点马虎闪失。

二舅他老人家在脑外科的那些年，手术做得多了，从手术台直接进太平间的病人也多了，心理压力难免就大了点。据说他从年轻的时候就饱受失眠的困扰，严重时甚至需要靠药物入睡，并且多年坚持接受心理医生的帮助和辅导。人的岁数上来了，渐渐也开始喜欢想想以前的事了。二舅人到中年，蓦然回首，突然琢磨出一个结论来一在他这些年的行医生涯中，他越是感到紧张和内疚，心理压力越大，病人的死亡率和致残率就越高；而病人的死亡和残疾，则更加重了他内心的负罪感。也就是说，他的心理状况，极有可能会影响，甚至是已经影响了他为病人治疗的效果。老头子还来不及弄明白这个结论的准确性，精神上就先崩溃了。听说老头为此长期休假，并且接受了大量的心理辅导，但是很可惜，无论怎样努力，他终究跨不过去这道坎儿。我能想象老爷子离开手术室的时候，态度一定是很决绝的。作为一个医生，在任何情况下，都必须也只能考虑病人的健康和生命安全。老头失去了作为医生的信心，他退缩了，但是他不能违背作为医生的原则。二舅这个老头很奇怪，他从脑外科退下来，之后转做研究工作的故事，他自己说起来总是讳莫如深。但是他又不介意别人讲，甚至喜欢别人拿去与人分享。牙哥与我分享这个故事，目的是向我解释，他在医学院混不下去，不是，或者说，不完全是因为脑袋笨。一个很偶然的机会，牙哥在急诊室里见到了医生抢救一位车祸中受了重伤的病人。死神不费吹灰之力便可以夺去的生命，而医生却要拼尽自己的全部力量，只在分秒间发生的争夺，却远比想象中更加惊心动魄。牙哥的特点是没事瞎咋呼，遇事掉链子。还是个愣头儿青的牙哥冷静地审视了自己，他清楚地知道，自己没有足够的能力，更没有足够的信心，能够在急救中做出完全正确的判断，做出最高效的治疗，从死神手里把病人的命抢回来。既然自己做不到，那就安静地退到一旁，交给有资格的人。没有金刚钻的人，不可以随便去揽瓷器活儿。金刚钻可以没有，原则不可以违背。

45. 芳邻—— 一对老冤家

我家隔壁住了一对有趣的老夫妇。大爷是意大利人，大娘是荷兰人。我们两家的房子连在一起，院子之间也只隔了一道木头栅栏。老大爷已经 80 岁，大娘也已年过七旬。据大爷说，他们是在一次旅行中相遇，他追随着爱人从意大利来到荷兰定居下来，此后半个世纪再没有分开过。刚刚搬到他们隔壁的时候，我曾经想，这是一对令人艳羡的白头鸳鸯。渐渐地，我开始感到困惑—他们每天这样又吵又闹，何必还要忍着对方几十年？

邻居大爷有很严重的耳背，我怀疑这一点多半跟他的故乡有关—他是西西里人。有没有部叫作《西西里的美丽传说》的电影？这部电影里，几乎全部对话，都是以高分贝大吼完成的。电影里面想必是为了艺术效果，对情况进行了一些调整，据我观察，真实的西西里人对话几乎与噪音污染无异。据大爷那位比西西里人还喜欢高分贝吼叫的老婆说，他是个纨绔子弟，靠老爹留下的财产游手好闲了一辈子。这游手好闲可不是普通意义上的，而是贾宝玉似的“无事忙”。

大爷是真的很忙。他几十年如一日地早起，究竟是怎样地早，连和他一起睡了半个世纪的老婆也不知道，总之是早得不可理喻。早晨的时间总是不够用的，一顿完美的早餐要配上真正的意大利咖啡，才不算辜负。一杯咖啡，要用手工研磨出来的咖啡豆去煮，才称得上意大利咖啡。一家人吃过早餐，大爷要依次送孩子去上学，送妻子去上班。一个上午很快过去，大爷要在这短短的几个小时里为孩子们和妻子，各自准备一份午饭，并且逐个送去。一大堆便当逐个送下来，也就差不多又到了接孩子们下学，接妻子下班的时间了。乌泱泱大队人马回到家，折腾得人仰马翻之余，大爷还要弄出一顿“满汉全席”来。味道稍稍逊色些，他老婆就能别扭三天，什么番茄汤里的罗勒叶加得太多啦，pesto（意式青酱）里的松仁放得太少啦，千层面太硬通心粉又太软（大爷家只吃他亲自手工做的意大利面），没完没了。除去这些，大爷还要洗衣洗碗，买菜扫地。他开一辆崭新的大奥迪，车灯永远擦得锃光瓦亮。暖和的时候，大爷成天地跟他家门口草坪上的薰衣草较劲；秋冬时节，几番暴风雨雪过后，大爷不是在扫落叶，就是在扫雪，身上永远穿着笔挺的西装裤和黑亮的大皮鞋，脖子上打着领结。大爷娶了个大嗓门的老婆，我们在院子里晒太阳，或是陪孩子玩儿的时候，总能顺便听见，大爷这几天，又什么地方做得不好，惹老婆不高兴了。几个星期以前，大爷家突然一下子安静了下来，连续几天我们都没有听到隔壁传来的高声叫骂了。正当我们开始悄悄疑惑，难道大娘的声带出现了什么问题的时候，她率领着自己的儿子女儿、儿媳女婿，来向我们解释她家突然安静下来的原因。我们只见眼前黑压压一大片人，如果没有大娘这张熟脸冲在最前面，我们简直要报警有黑社会围堵民宅了。大娘的声带的确出现了问题，原本高亢嘹亮极具攻击性的花腔女高音，已经变得嘶哑低迷，因为她每天可以用来练嗓子的对象倒下了一大爷几天前突然昏迷不醒，目前已经被安排住院，他必须尽快接受风险很大的一次大手术，否则性命难保。大娘的哭诉混乱而冗长，她最年长的两个儿子一左一右站在她身边，她的双肩每抖动一下，两个儿子便迅速同时各自架住母亲的半边身体，配合得十分默契。大娘的两条胳膊被两个儿子架高，微微一抬手便能擦干脸上纵横的泪水，之后便恢复了她往日微扬下巴半垂眼睑的姿态，清清嗓子，悠悠道："Franco（大爷）可能以后再也不能做饭了。没关系，只要他能活下去，无论他想吃什么，我都可以去餐馆买给他吃。"我听了，只觉无言以对，默默地和牙哥交换了一下眼神，心中暗道："作为一个老婆，老公都病成这样了，你就连一顿饭都不能做给他吃么？"那天下午，我们带孩子去家附近的儿童游乐场玩儿，看见大娘带着她那一大堆儿子、女儿，儿媳、女婿，在门口的快餐店里吃东西。一家人全部穿得西服革履，戴着黑超墨镜，配上薯条汉堡，那场面实在是有些滑稽。

幸运的是，大爷的手术非常成功，上个周末，他被批准出院了。大爷被热烈迎接回家的场面，我们恰巧错过了，竟有种错过一场好戏的遗憾。大爷颇有些劫后余生的感慨，不出几日便派遣大娘，盛情邀请我们去家里喝咖啡。我们不好意思空着手去，便在附近一家有名的意大利食品店买了手工意面作为礼物带去。这家店的手工意面虽价格昂贵，但是品质非凡，我们曾向大爷推荐过，大爷只是点头笑笑，未作回应。现下大爷大病初愈，难免思乡情切，见到这意面自然是眉开眼笑。他当即龙颜大悦，呼唤正在厨房里团团转的老婆，打算今晚就煮了这意面，具体配料和操作由他晚些时候再做定夺。

大娘应着呼唤，不慌不忙踱步来到客厅，手上擒着她才煮好的一壶咖啡，煮咖啡用的壶叫作 percolator，通过加热的方式来蒸馏咖啡。大娘曾自言，她那一双纤纤玉手，几十年来触碰几次家里的灶台的次数，屈指可数。曾经窈窕淑女，如今已变做鹤发老妇，新婚三日未入厨下，金婚时日倒是要洗手做汤羹了。摸着良心说，大娘初入厨下，能把咖啡煮出这般品质，除去她本人天赋颇高以外，大爷也可谓教导有方。如此想来，两个人忍了对方五十年，也还是可以理解的吧。

46. 意大利老大爷的农场

邻居家的意大利老大爷数月前大病一场，悉心调养这些日子，虽比不得从前，却也是精神面貌尚可。我之前提过，大爷一辈子没上过班，没个工作。这话说得其实不严谨，除去居家煮夫这份工作以外，大爷平日里还在小镇附近一处农场做志愿者。

大爷这份志愿者的工作并不复杂，他整天闲着没事，时不时地从街头串门到街尾，记下各家想要订购的蔬菜、牛奶、面包或是肉。各家订的东西清单由大爷整理出来，农场准备好以后，各家找时间去付钱取货便是了。我们有空的话会订一些东西，谈不上看大爷的面子如何如何，只一来是这些东西都是本地产品，绿色环保；二来是农场在我家附近，这一段小路很美，颇有点郊游的闲趣。

农场除了大爷这样的闲人志愿者和经营管理人员以外，大多数工作人员都有轻微的智力或是精神状况上的一些缺陷。农场具体是怎样运作，邻居大爷糊里糊涂讲不清楚，只知道是带一点公益性质的。荷兰地方小人口多，社会竞争相当激烈。这样的环境下，一个普通人，都要承受巨大的生存压力，作为本就相对缺乏竞争力的残障人士，则更难在竞争中为自己争取到足以生存的资源。人生而在天赋上既已不平等，有能力者必须为相对弱者提供最基本的生存保障，而非任其自生自灭，一味弱肉强食，这是人与禽兽的基本区别之一。不少专门为残障人士提供服务和帮助的机构，在荷兰便应运而生。小镇附近的这家农场，便是其中之一，他们主要的服务对象健康状况良好，有一定的生活自理能力，并且能在有明确指导下从事农业劳作。

我们每次去农场，都会在这里转上几圈，有时候我们也会走进蔬菜棚里，闻一闻刚刚开始泛红的西红柿，或是到鸡窝里，瞧一瞧新孵出蛋壳的小鸡。有次我们刚好遇见一个工作人员正在喂猪，这农场的猪整日里到处乱跑，既可以晒太阳吹风，又可以在草圈里打盹儿，吃的还都是绿色无污染的蔬菜瓜果，活得简直要多滋润有多滋润。喂猪的工作人员是个红脸汉子，身边有一个大桶，没有些力气着实是挪不动这桶的。这汉子虽是蹲着，也看得出是个打虎武松般的高壮身量，面目却是温柔平和。汉子喂猪的动作很轻，还在低低地念着什么，只是听得不清楚。汉子身旁的桶里满是新鲜的瓜果蔬菜，想必是才从菜棚里采来的。他蹲在草圈边上，如数将桶里的瓜果递给在草圈里撒娇的猪们。他手里正握着一根黄瓜，正要递过去，又像想起了什么似的，将还没递出去的黄瓜抱着，双手只一拧，黄瓜便成了两截。一截照旧递向草圈里吃得正香的猪，另一截他则自己拿在手里，端详一阵便大口嚼起来。那时正值盛夏，那黄瓜想必十分好吃，汉子吃得眉开眼笑，燥热的天气里，看得旁人心里也觉得爽脆得很。

邻居大爷养病多日，志愿者的工作自然是无暇顾及了。所幸我家这条街上像大爷这样的人不少，整天喜欢做些不能发财的事情，并且还乐得其所。这位接手的大爷很懂得现代化，与我们一律用电子邮件联系，更加环保方便，效率也有所提高。转眼现在已是隆冬时节，农场里也没有夏天时那样爽脆可口的黄瓜可吃了，旁的时令蔬菜也并不多，只有土豆胡萝卜洋葱这些东西。这三样蔬菜切碎同煮，煮烂后捣成泥，再加入盐、牛奶和奶酪调味，便成了最能代表荷兰的一道家常饭食，几乎每户人家都会在冬季里吃上几次，我家里自然也不例外。我喜欢吃这道菜，它简单实惠，又不失营养美味，外面狂风大作风雪交加，这样饱餐一顿温暖而舒适。我也喜欢生活在荷兰这个国家，百尺竿头，自是要更进一步才好，只是人活一世难保手脚永远都能灵便好使，困顿之中亦能有一只手，让人不要一路滑下去摔个筋骨俱伤。

47. 房东大叔和他丈夫

我在荷兰的第三年，因为一些租房手续上的操作失误，需要在几天内搬出当时的住所。慌张之间，我联系到了所在城市附近一处小镇上的出租房。房东是位中年大叔，曾经是一家园艺公司的老板，可惜后来公司破产，大叔无力继续承担高昂的房贷，只得向银行申请，将房子的一部分出租以偿还贷款。这房子里的一个房间，已经租给了个十几岁打零工的毛头小子。

这房子除了离学校远一点，各方面条件都非常理想。房东大叔长期和租房中介有合作，信誉相当不错，因此也无需过虑人身安全等问题。房东大叔提了一些要求，听起来其实都是很简单的：浴室和卫生间各有两个，未经允许严禁使用他的浴室和洗手间；洗衣机有两个，未经允许我不可以擅自使用他的洗衣机；家里不许抽烟，定期要做大扫除，等等。我猜这大叔肯定有洁癖。大叔还提到，他的 Husband 住在美国，会定期来荷兰度假。他们长期两地分居，相聚难得，大叔希望我在这样的情况下，可以注意一些，尽量避免打扰他。我当时荷兰语很差，租房这类复杂的事情还必须要用英语完成，我想当然地以为大叔的“Husband”，其实是“Wife”的意思，只不过是他英语不好，用错了词而已。因此我当时完全没有把这一点放在心上，再加上着实是急着找住处，又大笔一挥签了合同，几天后便搬进了新家。

搬进新家后，我越发得感到满意，一来是大叔为人诚恳热情又有分寸，二来房子宽敞装修精良，加上大叔近乎苛刻的卫生习惯，居住条件较之以前的学生公寓而言，完全不可同日而语。我美滋滋的为自己找到了个好住处而感到庆幸，然而令我意想不到的事情还是发生了，并且惊掉了我的下巴。

房东大叔有煲电话粥的习惯，一煲就是几个小时，每日重复。某日他煲过电话粥，突然向我宣布，他的 Husband 即将来荷兰度假，未来一段时间房子里会变得拥挤一点。我这时候还没把大叔口中的Husband当回事，还以为这只是个用错了的词而已，便随口向大叔问了些闲话，表示很荣幸即将认识他这位Husband。这一问不要紧，我这才弄明白，大叔所说的Husband，真的就是他的丈夫，是个如假包换的男人。也就是说，房东大叔是同性恋。老实说，我当时的感觉，和被雷劈了没有什么两样。同性恋这个名词，无论是带着龌龊恶意的，还是充满猎奇的，甚至是带点同情可怜的语气里，都越发频繁地被提及。我自诩是个坦荡宽厚之人，可是在震惊过后，还是不可避免地产生了强烈的好奇，忍不住追问下去。大叔并不对此感到尴尬或是有所避忌，坦荡地向我讲述了他和丈夫如何相识相爱，又长期两地分居的故事。

说起来大叔和他丈夫的故事，远没有我所想象的那样惊心动魄。大叔是园艺师，曾经经营一家园艺公司，主要业务是为荷兰家庭设计并修整花园。大爷的丈夫是个在荷兰工作的美国大汉，同样是一位园艺师。他们两个经朋友介绍认识，起初也只是同行，聊一聊专业上的事情而已。可是时间久了，两个人越聊越投缘，越聊越知心，同行变成了朋友，朋友变成了恋人。究竟他们是怎样表白心意，又怎样花前月下海誓山盟，大叔没有细说，反正跟一般偶像剧里的剧情想必没有很大区别。我以为他们在决定结婚的时候，一定会遭到身边朋友和家人的误解，反对或是阻挠，我想你也会这样猜测。尤其在这段婚姻之前，大叔还曾有过一段短暂的婚姻，他和前妻因为性格不合，打得不可开交，最终选择分手。大叔的前妻之后再婚，生活得非常幸福，她与大叔的关系从过不下去的夫妻，变成了知心老友。作为大叔的朋友，她为他终于找到幸福的爱情而感到欣慰。用大叔的话来说，在与前妻的那段关系里，他真心爱着她，但是他们无法和彼此好好相处，他们的婚姻最终只能以失败告终。过去的爱情和婚姻就已经过去了，现在他爱上了别人，只不过刚好这次，他爱上了一个男人而已。这两段关系是完全不同的，他们之间不存在背叛，也不存在欺骗，更不需要在爱情早已成为过去式的今天，再去伤害和打扰对方的幸福。

2007 年，大叔和他丈夫在祝福下，在荷兰正式登记结婚。荷兰在同性婚姻合法化，以及保障相关人士权益方面，走在了世界的最前端。2001 年，荷兰已经完全实现同性婚姻合法化，并且在法律上保障了同性婚姻与异性婚姻人士，享有完全平等的权利。我非常严肃地向大叔征求意见，在向人介绍他的时候，是否需要避免谈及他的婚姻状况或是性取向。即使是荷兰这样以宽容和思想上的丰饶而著称的国度，对于同性恋，或者更宽泛的来讲，LGBT（同性恋、双性恋及变性者）群体，也并非全民都对其抱有好感。普通民众也的确可能会由于对 LGBT 群体的不了解，或是一些不准确的信息，而产生一些卫生方面的顾虑甚至是不适。大叔想必也非常清楚这一点，而且他是个非常善良体贴的人，为了表示对租客们的尊重，专门设置了卫生间和浴室，甚至避免与我们共用洗衣机。但是另一方面，大叔对任何第三人对他的婚姻及性取向的看法都漠不关心，他也认为自己更无须对此向任何人进行隐瞒。荷兰王国的法律保护着大叔，使得他不需为自己的婚姻和性取向而遭受任何不公或是伤害。当然你可以不喜欢，毕竟这世界上不是所有的东西都能像美元那样，人见人爱，只要同性婚姻受到荷兰王国法律的保护，对他来说，这就足够了。

2008 年，欧洲爆发了严重的经济危机，荷兰当然也没能挺住，失业率一路高歌猛进地往上走，发到手里的工资也是眼见着越来越少。钱少了自然就要省着点花钱，自家院子里的草坪，大门口种的向日葵和车库边上的苹果树，自己修修剪剪就行了，比起请园丁，用来吃饭穿衣才是钞票更实在的用处。大叔的丈夫在经济危机中，失去了工作。大叔的园艺公司也没能挺过经济寒冬，光荣倒闭。这样一来，由于双双失去了稳定的收入，大叔的丈夫无法继续在荷兰居住下去。大叔和他丈夫是出于对园艺花卉事业的热爱而走到一起的，荷兰在园艺花卉产业，也处于世界领先地位。两人忍痛决定，大叔一人留在荷兰，他丈夫回到美国，就此两地分居，并且默默地等待时机，既是为了重振事业的理想，也是为了重新和爱人厮守相依。于是此后几年，大叔和丈夫每年只有在假期才能够见面，每日只得依靠长途电话来倾诉对彼此的爱恋和思念。

几天之后，大叔的丈夫终于来到了荷兰。大叔和丈夫终于能够团聚，自然没有什么闲工夫搭理旁人，整日里如胶似漆甜甜蜜蜜。我和合租房子的愣头儿青自然心领神会，尽量避免去做电灯泡。到了傍晚时分，大叔盛情来邀请我们一起分享他的烛光晚餐，我本以为会有龙虾牛排松茸鹅肝，没想到就只是一堆炸薯条。炸薯条用的酱料倒摆了好几种，蛋黄酱、不带辣味的番茄酱和带辣味的番茄酱，居然还有一大盆花生酱。炸薯条蘸花生酱这种诡异的搭配是大叔的最爱，我实在无福消受，大叔的老公也很讨厌这种吃法，我们坚决一致地表示，炸薯条配花生酱实在是太难吃了，难吃得令人难以理解，但是大叔吃得不亦乐乎，还对我们进行了驳斥。有人喜欢只吃炸薯条不蘸酱，有人喜欢番茄酱，还有人比较喜欢蛋黄酱，还有像大叔这种人，居然会喜欢花生酱。大家喜欢的吃薯条的方式不一样，仅此而已。你不喜欢某种吃法，那你就别吃；有人就是喜欢那种吃法，只要这种吃法合法，那人家想怎么吃就怎么吃，关你屁事。我听了大叔这番言论，只觉好笑，心想吃来吃去就只有薯条这一种东西，无非只是蘸酱搭配改变一下，荷兰还真是个物质贫瘠的国度啊。

48. “讲西班牙语的胖子”

2016 年秋天，美国大选拉票正进行得如火如荼的时候，一位荷兰电视台记者，有感于候选人特朗普针对墨西哥移民（当然，主要是非法移民）所发表的言论，特地千里迢迢跑到墨西哥，在当地采访有非法偷渡经历，以及从事相关行业的墨西哥人。这位记者所制作的节目在电视上播出，我陆续都看了。其中一集节目令我印象尤为深刻。

记者大哥采访了一位专门贩卖假证件的胖大爷，两人称兄道弟，相谈甚欢。记者大哥出于好奇，顺便给自己也买了一份。卖证的大爷啪啪地拍着胸脯打包票，说是保证万无一失。那股自信的劲头，即便隔着电视屏幕，我都能感觉到他那件破背心下面，丰满的胸上那一层过分肥厚的脂肪，被同样脂肪严重过剩的大手掌拍得一颠一颠的。到了双方约好的接头时间，记者大哥兴冲冲地到了地方，卖证大爷是左等左不来，右等右不来，再等还没来。记者大哥活活等了好几个小时，好容易才把卖证的大爷给等来，结果拿过假身份证来一看，上面的名字还给拼写错了。记者大哥简直欲哭无泪，手握假身份证,仰天长叹:“这些讲西班牙语的胖子,实在是太不靠谱了！”

记者大哥反复强调“讲西班牙语的胖子”这个组合，似乎是想说明，一个讲西班牙语但不胖的人未必不靠谱，一个不讲西班牙语的胖子可能也很靠得住，但是一个胖子一旦说上了西班牙语，那么这家伙是否靠谱，就很需要讨论一番了。上次在西班牙度假，我在邮局寄信时，瞥见柜台上售卖的邮票中，竟有一张是加西亚·马尔克斯的人物纪念邮票。马尔克斯生于哥伦比亚，后旅居墨西哥并在此去世，跟西班牙好像也没有太大的关系。西班牙邮政局发行纪念他的邮票，是件挺莫名的事情。我指着那邮票，用蹩脚的西班牙语，对柜台后面那位小口啜饮 Cortado 咖啡（西班牙传统咖啡，在浓缩咖啡中加上热牛奶）的大爷说，他不是西班牙人。大爷听到我的话，仍是垂着头伸着嘴唇，心思完全只在他的 Cortado 上面。过了片刻，才举起下巴来，对我说：“Sí，Español.”西班牙语里面的西班牙人和西班牙语是同一个词“Español”，Sí 的意思是“是的”，发音很像英文字母 C。大爷说 Sí 的时候音拉得很长，他用两个手指捻着小玻璃咖啡杯，用另外三个黑乎乎的粗手指翘成兰花指，神情颇有几分醉意。大爷用另一只手的食指使劲敲了一敲玻璃板下的邮票，指头正戳在加西亚·马尔克斯画像的脸上，又重复了一遍："Sí，Español."

加西亚·马尔克斯是20世纪最伟大的西班牙语作家，大爷说的这句"Sí，Español"也着实无法反驳。除去墨西哥，美洲还有一大票兄弟都是讲西班牙语的，当然还有远在欧洲的西班牙。按照这样的逻辑，记者大哥所说的话，打击面就有点广泛了。我现在还记得，那天我寄了四张明信片，买了两张邮票，花了20分钟。

我们一家这两周又在西班牙度假，乘周一傍晚的飞机回荷兰。我们一早已经联系好了从酒店送我们去机场的出租车。保险起见，牙哥在前一天还特地打了电话进行确认。到了预定好的时间，我们抱着两个女儿，提着大包小包的行李，在酒店门口等待着出租车的出现。就像你猜到的那样，这事情肯定不能进行得那么顺利。我们苦苦等待，出租车却始终没来。那记者大哥找的是证件贩子，当然没有保障了，我们和他可不一样，是向当地规模最大的出租车公司做的预订，想来是要靠谱儿一点的。而且这家出租公司还提供紧急服务热线，这号码号称一周7天，每天24小时都可以拨打，对方可以在30秒以内为你安排一辆出租车。这电话的确是随时可以拨打，但是这并不代表你拨打以后就有人接听。待到电话终于接通，电话那头一个睡眼惺忪的声音几经询问，方才告知我们，原本安排的那位出租车司机由于睡午觉，忘记了要来接我们的事情。

西班牙有睡午觉的国俗，一到下午两点，大街小巷一片寂静，全国人民集体睡大觉，一睡就睡上两三个钟头，打雷都休想能打搅西班牙人民的Siesta（西班牙语，午觉的意思）。电话那边睡眼惺忪的声音向我们承诺，会安排一位刚刚好没有在午睡的司机，把我们准时送到机场。当时正是下午三点左右，西班牙人民的午觉应该睡得正香。一想到此，我们顿时觉得赶上飞机已经是件毫无指望的事情。事已至此，我们只能一边气得跺脚，一边大呼，果然，讲西班牙语的胖子都是靠不住的。

来解救我们的司机大爷是不睡午觉的少数派，他生得黑壮魁梧，膀大腰圆，两手一拎，便将我们的两个大号行李箱同时丢进了后备厢里。他向我们竖了竖大拇指，大吼了一声："我们去抓住你们的飞机！"他拍拍大腿，然后一屁股砸在驾驶座上，可怜的座椅发出了"咯吱"一声惨叫。大爷再狠狠踹了一脚油门，车就像脱了缰的野马一样，风驰电掣，一路杀向机场。他的驾驶技术如此之彪悍，即使是在狭窄的盘山路上，车也向断了链子的疯狗一样肆意地狂奔着，实在是把我吓得不轻。看那阵势，知道的是我们要去机场赶飞机，不知道的没准还以为这辆出租车还兼任消防任务。最终司机大爷不辱使命，将我们安全送到了机场。到达机场的时候，我们那架航班的登机柜台已经快要关闭了，我们一家连滚带爬，总算是登上了回家的航班。再晚个十分钟，我们当天晚上就要在机场过夜了。

牙哥还是个愣头儿青的时候，曾经在西班牙住过几个月，后来又在南美洲工作过一段时间，自称跟无数"讲西班牙语的胖子"打过交道。我猜他这下也觉得自己长了见识，好好见识一下，一个讲西班牙语的胖子是怎样力挽狂澜的。

49. 二丫头来了

我家的二丫头转眼就满月了。小丫头长得和她姐姐很像，尤其是撅着嘴着急要喝奶时候的表情，简直一模一样。生二丫头之前，我听人讲过，说是生二宝宝过程会比初次生育快很多，产后恢复也会更迅速。我目前没觉得恢复怎么迅速，只觉得产后健忘比前次好像还更加严重了。

生二丫头的过程很有意思，所以我想把它记录下来，免得再过不了多长时间，我就彻底忘掉了。这里面的原因比较有意思—为我接生的医护人员中，有一位很年轻的男性妇科医生。男性从事妇产科的工作并不常见，参与接生的好像就更少，我能遇上这种情况，也是比较特殊的一段经历。

我的二女儿是 2017 年 1 月 25 日中午出生的，当天一大早我们安排好了大女儿，便开车去了医院。我生产的医院在小镇的附近，车程十分钟左右。在产检时护士姐姐又详细介绍过产房情况，加之我的大女儿也是在这家医院出生，我们可以算是轻车熟路。进入产房之后，在护士姐姐的帮助下，我的肚皮上绑了一大堆我不认识的医疗器材，随时监测我和胎儿的心跳、血压以及其他医生认为有必要随时监测的指标。

我们在产房里消停下来以后，就开始了漫长的等待。期间又有几位护士姐姐来来回回，有时是来检查一些什么，有时是来嘱咐我们一些注意事项，还有位姐姐以前可能做过专业的啦啦队，送水送饭之余还负责喊口号为我加油打气。说等待是漫长的，是因为我一直在发呆，而且我也没有什么疼痛的感觉，所以对时间也没有什么概念了。

大概 10 点半左右，产房里来了一位穿白大褂的帅小伙。小伙子做了简单的自我介绍，他姓字名谁、头衔职称之类的内容我一丁点也没记住，只记得他说，他今天将负责为我接生。生孩子着实不容易，接生也不轻松。产妇顺产倒也罢了，稍稍有点什么差池，接生的人手上就是两条人命。如此说来，接生着实是件积德积福功德无量的善事。我想起了汪曾祺笔下的陈小手。人曰陈小手活人多矣，到头来却被患者家属给灭掉了，当真是比窦娥还要冤屈。

我之所以对帅哥医生来产房的时间记得如此清楚，是因为在他走后，我突然开始觉得不对劲了。据在场的围观群众牙哥说，我表现得跟电视剧里演的好像也差不多，弄不好比那个还要夸张。产房里那些绑在我身上的那些仪器，数据都连接到一个统一的监控室里，如果医生观察到异常，会随时派人过来。可能是我表现得太夸张了，医生干脆派了个护士姐姐来给我做啦啦队，站在我身边一遍一遍重复要我保持冷静之类的话。护士姐姐劝了我半天，估计她在精神上也受了不小的刺激，看我好像也没有要冷静下来的样子，只好又喊来了另外一位护士姐姐。新来的这位护士姐姐似乎更有经验，在替我做了检查之后，认为我马上要开始第二产程，立即通知了接生的主要负责人—帅哥医生。

帅哥医生出现之迅速令人震惊，他还带了好几个助手来，这几个人都没闲着。啦啦队姐姐还没完没了的给我送葡萄糖咀嚼片，我感觉味道有点太甜了，不是很喜欢吃。等到我再次神志清醒大脑正常的时候，是当天的中午，我的二女儿已经在我的怀里了。小丫头是软绵绵的，像个棉花团团，她趴在我怀里，小鼻子一吸一吸的，努力地想找奶喝。牙哥在一旁看着干着急，可是喝奶这种事情，小丫头也只能靠自己，别人再怎么着急也帮不上什么忙。我属于顺产，母女的情况都非常好，所以可以很快出院。出院之前，照例由负责接生的医生，来和我交接一下，同我一起回顾一下生产的过程，嘱咐我们一些需要注意的事项，再准备需要同儿科医生以及产后护理人员的文件。

这次等待帅哥医生的过程就比较漫长了，天都黑了，他还没有出现。直到在家里照顾大女儿的爷爷奶奶打来电话，说他们已经把大丫头哄睡着了，帅哥医生才姗姗来迟。用帅哥医生的话来讲，我的生产过程既顺利又复杂。说顺利，从进产房到孩子出生，前后不过四个多小时，可以说生产非常迅速。说复杂，是医生之前已经做了很多功课，并且制定了几套应急的方案。还是我在生大女儿的时候，孩子的肩膀被卡住出不来，情急之下当时接生的医生折断了孩子右侧的锁骨。虽然我自己对此没有什么印象，但这是极其危险的情况。后来医生详细检查过，大女儿折断的锁骨已经复原长好，没有大碍。医生认为这种情况重复发生的风险很高，因此提前制定了几套方案以应对。比较幸运的是，护士姐姐只在第二产程时帮我排净了膀胱（这里面的医学原理我也不懂），其他的招数还没等用上，小丫头就顺利地出来了。至于帅哥医生给我预备的其他那些招数具体是什么，我实在是没有兴趣知道。

帅哥医生陪我一起回顾完生产过程，还说了一些恭喜和鼓励的话，又夸了牙哥，说他一直陪在我身边，表现不错。既体贴又关切，还能保持理智，这老公还真是挺不错的吗！最后，帅哥医生向我们解释了他姗姗来迟的原因，他在替我接生过后紧接着又去了另外一间产房，帮助另外一位产妇。那位产妇的情况有些复杂，因此时间就相对长一点。帅哥医生一脸疲惫，说："今天生孩子的很多，而且情况都比较复杂。"这句话我来给你翻译一下，意思就是，本帅哥活人多矣。

50. 鸡毛掸子的头发

今天是周三，我不上班，和女儿在一起。我陪大女儿米儿去理发，米儿也要陪我去理发，二女儿菲菲还不需要理发，她陪姐姐和妈妈。菲菲还是个小秃子，她还不太会坐，整天躺着，把自己给躺成了个枕秃。我和米儿理发，是去固定的一家理发店。理发店的老板为我理发，老板娘也是理发师，但是只为小朋友服务。

米儿理发的时候，坐在一个专门为小朋友设计的玩具座椅上。之所以坐这种座椅，一来这种椅子比较高，理发师操作的时候稍微方便一些；二来更是为了哄米儿，毕竟理发需要些时间，这样静静地坐着对她来说还是一件很困难的事情。米儿表现得很娴静，她一直微垂着头，沉思着望着地上的碎头发。黑色的当然是我的，近来天热太阳毒，米儿的发色似乎因此变淡了些，从前是栗色，现在倒有点“稀屎黄儿”。我和米儿坐着理发，菲菲躺在她的碗状婴儿车里，也不知道她瞪着一双大眼睛，究竟是在看姐姐和妈妈理发，还是在观赏自己的脚丫。理完发，时间还早，我本想去附近的一家有机餐厅喝点东西，顺便还可以在那里给菲菲喂奶。那里的胡萝卜蛋糕很好吃，不用蔗糖，只追求新鲜蔬果最本真的清甜，米儿很喜欢吃。可是今天米儿却没有兴致，只一个劲地着急要回家。

回到家里，我抱着菲菲坐在沙发里喝奶，米儿自己径直上楼去玩儿了。十几分钟过去了，没听到米儿有什么动静，我不由得觉得有几分诧异。等到菲菲喝饱奶睡着，我赶快去看看米儿在做些什么，发现她正在蹲在卧室的抽屉柜前，柜子最下面一层抽屉已经空空荡荡，东西七零八落地撒了一地，全部被她挑拣出来了。我问她：“你找什么？”米儿答道：“我找两只大公鸡。”

两只大公鸡指的是我家里的两只鸡毛掸子，是我结婚时娘家的陪嫁。这两只鸡毛掸子一色墨黑色如松香，从用料到做工都是一等一的好，擎在手上抖一抖，当真是比活生生的大公鸡还要精神，米儿坚持认为这两只鸡毛掸子是活的。这两只大公鸡从前的确是在抽屉柜最下面一层，米儿总爱举在手里，后来她玩儿腻了，我就把它们给请进上锁的柜子里去了。原来米儿急着回家来是为了这个。

米儿寻回了两只大公鸡朋友，将黑的那只给了我，并要求我像她一样，将公鸡高举，与头顶保持齐平。我不解其巧意，问之。答曰：“母之发，黑如鸡毛。”我听了，恍然大悟。米儿十分得意，又举着那只花公鸡，往睡着的菲菲头上比画。我吓了一跳，才想止住她，她又道：“菲菲（Fifi）如我，秀发浓于琥珀。”

51. 电话看病记

我家二丫头生病了。星期五早上起来，她就有点不高兴。小孩子真是很奇怪的物种，白天生病，晚上也生病，但是晚上就要比白天更难过。她白天还能忍着眼泪，到了夜里她就忍不住了。二丫头的眼泪绿豆般大小，她的脸又白又圆的，眼泪就顺着圆脸流下来。我抱着她，还没有喝完的奶水和二丫头的眼泪混在一起。

我和牙哥没什么好办法，只好打急救电话找医生。荷兰其实有两种所谓的“急救电话”。一种当然是欧盟统一的紧急电话 112，在荷兰，112 急救电话能够以秒点来计算的速度调配救护车，这是用来救命的。另一种则是非工作时间的电话门诊，如果问题不大，又刚好是非工作时间，打这个电话就可以。比如有人夜里两点突然闹肚子，闹得上天入地，等不到第二天早上诊所开门了；又或者像我们一样，星期五的夜里孩子发烧，那就打这个电话，值班的医生就会酌情采取措施。

医生问我们：“孩子现在的体温是多少度？”二丫头原本是像牙疼那样哼着哭，一测体温，马上变成了号啕大哭。幸好她的姐姐心大睡得香，居然没被吵醒。二丫头还小，要测屁屁温度，体温 38.5℃。

医生问："她的神志还清醒吗？眼神还清晰吗？"二丫头已经从测屁屁温度的惊吓中缓过神来了，眼波流转，双目含露，似泣非泣。我答："她看起来很清醒。"

医生又问："她喝奶吗？她排尿吗？她的尿液浑浊吗？"二丫头喝奶，但是比平时少，尿布也不像平时那样满。牙哥端着她的尿布，在灯下研究了半天，答："二丫头的尿好像不浑浊啊。"

医生说："根据目前情况来看，你们不需要太担心，孩子很快会好起来的。每三到四个小时给孩子测一次体温，尽量让她多摄入水分。如果她三天以后还没有退烧，带她去诊所。如果她发烧超过40℃，打电话给我。如果她拒绝喝奶，打电话给我。如果她神志不清，眼神涣散，打电话给我。如果她不排尿，或是尿液浑浊，打电话给我。如果你们感到疑惑或是担心，打电话给我，不要犹豫。如果没有其他问题，那就不要再打电话给我了。"到了星期六晚上，二丫头已经退烧了。到了星期天早上，她又会笑了。天气凉，我抱着她，又给她加了一条毯子，照例去参加"宇宙第一超级老干葱版联合国居委会"。

52. 超级居委会

我家往北 50 米的地方，是一个很大的公园。这公园一分为二，靠北的一半是树林，靠近我家的这一半是儿童游乐场。游乐场颇具规模，小到滑梯秋千，大到卡丁车赛道和室外游泳池，一应俱全。这游乐场主要是室外游乐设施，就凭荷兰冬天那糟心的天气，恐怕也没有几个家长，能够狠心让孩子出来玩儿，因此游乐场只有三月到十月开门。游乐场门口有一家小小的快餐店，快餐店装修陈设极其简单，卖些薯条、炸鸡、冰激凌和咖啡之类。和游乐场一样，快餐店也只有三月到十月开门。除此以外，快餐店还兼具我们这条街居委会的功能，每到星期天早上，我们这条街上的邻居会聚在这里，聊天喝咖啡。

快餐店的老板娘之一是个与我年龄相仿的姑娘，金发碧眼，体态丰腴，走起路来很是婀娜。另外一位老板娘是她的妻子，比她还要再丰腴一些，倒有点雷厉风行的劲头。金发姑娘的老爹是退了休在家里闲着的荷兰陆军，军衔不详，常专程驱车前来聊天。他的亲家公我只见过几次，比他还健谈，好在那老爷子家住得远。

我们隔壁的意大利大爷也爱来，大娘说她不爱来，因为要碰上一个跟她关系很不好的老太太。那老太太精瘦，是富婆。她老公爱抽雪茄，那雪茄比我的手指头粗一圈，他的手指头比雪茄粗两圈。我们一家带着孩子在，他手里的雪茄不能点上，只能嘬着。老大爷只来过那一次，忍了半个上午，再也不肯来了。精瘦的老太太跟意大利大爷一样，耳聋又不爱戴助听器，同病相怜惺惺相惜。所以隔壁大娘说她必须得跟来，好看着她老公。

在大学里教书的两夫妇常来，一开始带着他们的两个女儿，但是两个姑娘很快就不肯再来了。人家姑娘都十几岁了，已经晓得要面子了。毕竟光天化日之下，和一堆老头老太太一起侃大山，也不是件多光荣的事儿。

我们去喝咖啡，快餐店两位老板娘都说，邻居来喝咖啡，不收钱。不过我们都不太好意思，毕竟除了咖啡，我们每家都还要顺带消费点别的。米儿喝橙汁，隔壁大娘吃薯条，还有个从来不摘帽子的大叔，每次来都吃冰激凌，一口气吃好几个。（这大叔冬天戴毛线帽，春秋戴棒球帽，夏天戴草帽，我简直好奇他摘了帽子到底长什么样子）结账的时候，前荷兰陆军大爷推脱一番，也就收下了。

即使今天是星期天，我依然习惯性地早上六点钟准时起床。不必像平时那样赶时间，我可以上网看些消息。这短短的一周里，竟发生了这么多的事情。白宫“通俄门”事件再爆新料，美俄两国最高领导人之间是否真的有什么不可告人的秘密？败选的民主党又是否会趁此机会大做文章？伊拉克军队宣布收复北方重镇摩苏尔，和平是否指日可待？中东乱局何日可解？深受伊拉克以及叙利亚冲突波及的周边国家，乃至欧盟各国，何时才能松一口气？阿拉斯加冰山正在以惊人的速度融化，全球大量国家和地区受到极端天气影响，面对愤怒的地球，人类又该何去何从？

为了探寻这些深奥问题的答案，我决定等一下到居委会去，和我的邻居们聊一聊。

53. 米儿的新招数

我的大女儿米儿早餐习惯吃一种杂粮糊，里面有糙米、荞麦、玉米和苔麸（这东西还有另外个名字，叫埃塞俄比亚画眉草）。我们用荞麦或是杏仁加水打成浆，热热地冲成一碗米糊，整个厨房里都飘着淡淡的谷香。稍微晾凉之后，里面再加上小块的水果、草莓、葡萄、芒果或是覆盆子，米儿每天早上起床以后都要喊一遍："我要吃饭饭糊！"这种杂粮糊不便宜，还要去专门的有机店买，但是它既美味又营养丰富，而且能解决米儿一点点便秘的小问题，因此她的早饭几乎每天都是这样一碗饭饭糊。

牙哥的早饭比较简单。他每天早上吃两片面包，敷上一层椰子油，一片面包上盖一片奶酪，另外一片涂公婆自制的果酱（我公婆从四十年前就长期自制果酱，他们的孩子几乎只吃他们自制的果酱，而不吃买来的成品），然后再配上一杯水和两个奇异果。作为一个典型的荷兰小孩，牙哥从小就吃面包，特别爱吃面包，就是让他一年 365 天，一天三顿都吃面包，他都能吃的下去。

我的早饭的内容和时间，都不完全由我自己决定。我家的二姑娘菲菲虽然才只有两个月大，但是喝奶和睡觉的时间已经慢慢有些规律了。尤其是喝奶的时间，能够精准到分钟的程度。只要是我一吃饭，臭丫头马上就张开嘴找奶喝。我吃不了几口，她就开始跺脚，我再吃几口，她就一边张着嘴跺着脚嗷嗷叫唤了。也真是难为这臭丫头了，平时她和颜悦色的时候，嘴巴还没有眼睛大，但是一到了闹着要喝奶的时候，嘴张得大的简直能把我的下巴给咬下来。这时候如果牙哥在旁边，还能帮我打一打掩护。可是如果牙哥刚好不在身边，我就只能先去给臭丫头喂奶，等她酒足饭饱心满意足地睡着了，我才能随便弄点吃的。

牙哥早上去上班，我和米儿在餐桌上刚刚坐下，那边二丫头就闹着要喝奶了。我举起面包吃一口，菲菲就叫唤一声。我举起面包往嘴里猛塞，臭丫头就在边上使劲地猛叫唤。米儿坐在我身边，正在吃她的米糊，她低着头，提醒我："妈妈，菲菲哭了，她想喝奶。"我的嘴使劲地嚼着面包，含混地回答她："我知道，我等一下去给她喂奶。"米儿听了我的回答，一下子就抬起头来，嘴唇上还沾着一圈米糊。她用一双大眼睛望着我，又再重复了一遍刚才的话："妈妈，菲菲哭了，她想喝奶！"米儿这次说这话的语气就有点严肃了，听得我感觉有点别扭。我喂母乳，一天到晚总是饿的，尤其到了晚上，不吃一顿夜宵实在是不舒服。不过昨天我实在是太累了，晚上困得不行，没来得及吃夜宵就已经睡着了。此时我简直饿得眼前发白，也顾不得菲菲在旁边抗议了。米儿见我没动静，干脆改用命令的口气对我说："妈妈，你快点去给菲菲喂奶。"我随意应了她一声："我知道，等一会儿。"再过两个星期我就要回去上班，菲菲要去幼儿园。虽说幼儿园的阿姨们会尽心尽力地照顾孩子，但毕竟也有分身乏术的时候，菲菲也要慢慢开始学着忍耐。更何况我还正饿着呢。

菲菲也饿，越哭越响，米儿看我的眼神也越发不友好。昨天米儿在家里淘气，拿着饼干满屋子地扔，怎么说也不肯停下来，我气急了，在她的粗大腿上掐了两下以示惩戒。米儿还小，嫩手嫩脚的，当然不能乱打。她的大腿和臀臀脂肪肥厚得惊人，巴掌在这时候不是个好选择，因为脂肪保护层过厚，反而弹得我自己手掌疼。米儿闹得过分的时候，我们只挑这地方掐两下，再告诉她这是因为淘气惩罚她，就算是打了她一顿给点教训。我看米儿把她那张樱桃小口越嘬越像冻柿子，估计她是把这事情给想起来了。我昨天确实被她气得够呛，下手也重了点，她哭得特别伤心。此时再配上菲菲越唱越响的“饥饿奏鸣曲”，米儿恐怕是自己的旧恨，加上她妹妹的新仇，一齐涌上心头。我想到这，差点笑出声来。我一只手继续举着面包，另一只手端着橙汁，准备往嘴边送，面包有点干，吃得我噎得慌。我才把橙汁送到嘴边，还没来得及张嘴，米儿已经劈手夺下了我另外手里的面包，义正词严道：“你等一下再吃面包，先去给菲菲喂奶。”幸亏我还没把橙汁喝进去，不然连噎带呛，我可受不了。

菲菲喝了奶，心满意足地睡了，米儿也不再扣押着我的面包监督我喂奶，而是自己画画去了。我草草吃了面包，收拾了东西，陪米儿一起在餐桌上画画。菲菲在客厅里睡着。米儿画画用的是一种特制彩笔，颜料鲜艳丰富，安全无毒，更重要的是这种颜料可以洗掉，如果米儿不小心画在了画纸以外的地方，用水擦一擦就好了。虽说可以洗干净，这水彩笔也不是让她用来涂自己的肚皮的。米儿越涂越起劲，越涂越有创作灵感。我见势不妙，一把抓住她的手，让她没法继续举着彩笔在自己的肚皮上作画。米儿被无端打断，气愤难忍，扔了画笔跺脚抗议。再怎么跺脚也不好使，反正只要有我在，她是别想在肚皮上瞎画。米儿见我对她伟大的艺术灵感完全无法理解，不由得悲从中来。她爬下椅子，走到客厅，站在睡得正香的菲菲身边，把樱桃小口张得比西瓜还大，深吸一口气，放声大哭。家里还没有菲菲的时候，米儿喜欢抱着我的大腿哭，一边哭一边拿脸蛋蹭我，等她把我的腿都快要哭湿的时候，我就只能把她抱起来，好言好语哄她破涕为笑。现在家里有了菲菲，米儿的策略也就变了，挑妹妹睡觉的时候，站在边上哭，使劲吼一声，我就要乖乖地跑过去把她抱起来劝说一番。这样一来，省时省力，效率明显提高。

54.“骑车”去露营

转眼又是暑假，我们一家四口和公婆一起，在我家附近的一处露营地露营。这处露营地对于我公婆，还有牙哥三兄妹来说，意义非常一这里承载了他们许多美好的回忆。牙哥小的时候，几乎每年暑假，都会骑车来这里露营度假。他们住在荷兰东部的一个小镇上，一家五口，一路在风雨交加阴晴不定的荷兰夏季里，横穿整个荷兰，到达海边，距离大约 150 公里。据牙哥说，他每次在终于到达露营地的时候，都有一种被救赎的狂喜，简直再也舍不得离开这里。

我公婆今年来露营，依然使用老办法，从他们住的东部小镇出发，骑自行车 150 公里，历时两到三天，横穿荷兰。不过两位老人家毕竟年岁大了，不再骑普通的自行车了，改骑电动自行车。说来巧得很，我新买了一辆电动带筐自行车。这种自行车是遛娃神器，我甚至见过有人用它来搬家。自行车前面带的大筐，不仅体积巨大，且极其结实。牙哥认为，我们可以骑着这辆自行车去露营。

于是牙哥展开了积极的行动，想尽办法把所有东西往大筐里塞。帐篷、炊具、换洗衣物、玩具、书，还有一大堆乱七八糟的，我们还有两个孩子。大的三岁，小的半岁，都还不能自己骑车，也要装在筐里。我们要带的东西实在太多，一筐装不下，需要分批次运输。

牙哥骑着自行车，往返于家和露营地之间。露营地离我家很近，只有 8 公里，往返 16 公里。我歪在客厅的沙发上抱着二丫头，大姑娘趴在我的腿上，她们的爸爸忙着骑车搬行李。大姑娘问我：“爸爸还好吗？”我摸摸她的头，说：“你爸没事，他就是又想出幺蛾子来了，等一会儿他就正常了。”

牙哥如此往返搬运了几次之后，就把自行车锁进了储藏室，把汽车从车库里开了出来。从家里出发到搭帐篷，原本一个多小时就能解决的事情，结果还是足足折腾了一整天。搭好帐篷，吃过晚饭，女儿们就要睡觉了。女儿们睡了，我们大人可以放松一下，公婆喝红酒，我还在喂母乳不能喝酒，只能喝无醇啤酒。牙哥也不喝红酒，喝无醇啤酒。因为他等一下还要把汽车开回家，锁进车库，然后再从储藏室里把自行车取出来，再骑回露营地，这样就算是骑车去露营了。

55. 骑车去罗马

公婆二老和我们一起露营一周，收拾行李骑车回家。他们 2017 年暑假原本另有计划，来和我们一起露营只是临时起意。公婆二老原本的计划，是骑车去罗马。是的，你没看错，真的是一路骑着自行车，去意大利罗马。从荷兰骑车到意大利罗马，全程约 2000 公里，单程至少需要四周。骑行者大多将整段旅程分为三次完成，一则是出于体力和时间的考虑，二则也是途中风景甚妙，若只一味前行而不做些停留，委实是辜负了。第一段由荷兰一路向南，穿越比利时和卢森堡，进入法国境内途经阿尔萨斯—洛林进入瑞士。第二段距离最长最为艰难，风景却最美，由瑞士巴萨尔开始，翻越阿尔卑斯山，到达圣莫里茨，然后一路下行进入意大利境内。第三段全程在意大利境内，多以佛罗伦萨为起点。佛罗伦萨曾是意大利统一后最初的首都，这一段路程距离短暂且平缓，却十分有趣。《骑车去罗马》（荷兰语 Fietsen naar Rome）是一套在荷兰出版的旅行书籍，分成上、中、下三册，对于每一段的路线、住宿和美食等都有十分详细的介绍。

这三本书我在公婆家里翻看过，第一本即“荷兰—比利时—卢森堡—阿尔萨斯—洛林”一段这本，是 90 年代初买的，内容已经十分陈旧了。三十年前的暑假，牙哥三兄妹向父母抗议，拒绝骑车横穿荷兰露营，要求换一个方式过暑假。公婆是很开明的人，他们接受了这项提议，决定和孩子们一起去罗马。牙哥说，那是他第一次认识到，9 岁得自己是多么地年幼无知，我相信当时 8 岁的弟弟和 6 岁的妹妹，也一定有相同的感受。那年暑假，他们当然没有骑车到达罗马，甚至连阿尔萨斯—洛林都没有到达，就从卢森堡坐火车回家了。余下的两本是“巴萨尔—圣莫里兹—佛罗伦萨”和“佛罗伦萨—罗马”，这两本是新买的。

公婆今年的行程，是先骑车到达卢森堡，从这里坐火车到瑞士圣莫里兹，避开最艰难的阿尔卑斯山路段，骑车到达佛罗伦萨之后环游托斯卡纳，之后再回到佛罗伦萨乘火车回家。所以我前面说他们的暑假计划是“骑车去罗马”，也不是很准确，在他们的路线规划中，其实并没有罗马这一站。他们已经去过罗马，不打算再去一次了。公婆结婚 30 周年纪念的时候，牙哥三兄妹送给他们的礼物，是全家人一起去罗马过一个暑假。那时候牙哥 29 岁，弟弟 28 岁，妹妹 26 岁，他们都已经工作，假期不多时间有限，加上弟弟已经有了孩子，所以他们没有选择骑自行车，而是坐飞机。我公婆的意思是，如果要去罗马，他们依然想和孩子们一起去。我们有两个女儿，一个 3 岁，一个半岁；弟弟三个儿子，大的 10 岁，二的 7 岁，小的 4 岁；妹妹的大儿子两岁，小儿子 3 个月；想集体出行去罗马度暑假，理论上似乎也不是没有可能的。但是如果一定要骑自行车去罗马，恐怕就只存在理论可能了。

56. Let’s sport! 我们去运动！

荷兰最大的连锁超市 Albert Heijn，最近在全荷兰境内推出了一个新的促销活动。每消费满 10 欧元，就可以得到一个贴纸，收集满 10 个贴纸，可以到指定的运动中心换取免费的门票。这项活动听说大受欢迎。

牙哥热爱运动，但是对免费的运动中心门票毫无兴趣。大约三年多前，我们搬进新房子，刚刚有了足够的空间，牙哥就迫不及待地买了一套健身器材。这套家伙事儿花了牙哥一个月的工资，当真是把我气得够呛。牙哥振振有词反驳道，如果骑车去运动中心，万一天气不好，一路上又是风又是雨，未免太难为了自己。如果开车去运动中心，不过两三公里的路程，如此短的距离，汽车发动机效率低下，每公里的污染量高得惊人，实在是太不环保了。适量的运动是保持健康的好方式。怎样才能既环保，又保证自己不用顶着风雨冒着寒暑才能去做运动呢？自己家里买一套健身器材是最好的办法了。牙哥于是买了一套，白天锁在储藏间里，晚上等孩子们睡了，他拿出来耍一耍。天气好的时候在院子里耍，天气不好的时候在客厅里耍。

我对牙哥的健身器材没有什么好感，也实在没有兴趣陪他耍。我每天哄着孩子睡了，要去超市买第二天的菜。我家镇上唯一的超市距离我家 1.1 公里，隔壁小镇上的超市距离我家 3.5 公里，附近城里的大超市距离我家 11 公里。天气好的时候，我骑自行车去大超市，往返 22 公里；一般情况下，我走路去隔壁小镇上的超市，往返 7 公里；天气不好的时候，我走路去我家小镇上的超市。冰雹、雷电、暴风天的时候，我老老实实的待在家里。我自认为这也勉强算是“适量的运动”了。

我家住的小镇上只有一家超市，就是 Albert Heijn。超市有位像哆啦 A 梦的收银员小哥，发活动贴纸的时候特别大方，哪怕我只买一瓶三毛钱的矿泉水，他也闭着眼睛揪一堆贴纸给我。不出几天，我家里已经积攒了一大卷这种圆圆的小贴纸了。我在沙发底下、马桶盖后面和花瓶内侧发现了这些圆圆的小贴纸，根据我的推理，这一定是米儿干的。米儿拒不承认，还试图栽赃给 8 个月大的菲菲，我对她略施了一点小小的惩戒。

为了避免在更多令我震惊的地方找到这些贴纸，我决定拿它们去换免费的运动中心门票。我家半径 5 公里的范围内，有十几家运动中心参与，总计有上百种可选择的免费运动体验可供选择。爱运动的牙哥表示，尽管他更喜欢在家里耍他的健身器材，但是如果我去运动中心做运动的话，他很愿意陪我。毕竟我们两夫妻，也很久没有好好甜甜蜜蜜地约个会了。

57. 邻居大哥的篮球筐

我们的邻居，在大学教书的两夫妇要搬走了。他们在这里住了20年，搬来的时候，他们的大女儿才三个月大，现在她早已经搬走了。再过些日子，他们家的二丫头也要像姐姐一样，离开父母独自生活了。

邻居家的大姑娘现在住在代尔夫特的一间学生公寓里。她在代尔夫特理工大学读书，专业是航空航天，这所大学的前身是荷兰皇家学院，如今是世界级的顶级理工类学府。大姑娘的梦想是成为一名宇航员。但是她15岁的时候，命运跟她开了个小小的玩笑—她在一年之间身高狂飙了30厘米。20岁的她身高1. 95米，对于一个宇航员来说，这实在是太高了，高得太离谱了。于是她只好曲线救国，不当宇航员，去做造宇宙飞船的工程师了。

她二妹的身高没有那么离谱。二丫头有轻微的近视，可能是因为她参加专业青年篮球联赛的缘故，她很少戴框架眼镜。我偶尔见到她戴着黑色玳瑁圆框眼镜，都觉得简直认不出她来了。她的理想是进入联合国工作，伸张正义，维护世界和平。二丫头快满18岁了，她稚气未脱的脸是圆圆的，配上一副圆眼镜，竟有些不怒自威的气势。

我们邻居这一家四口，身高最高的是大姑娘，1.95米，其次是她母亲，1.91米；二丫头，1.85米；唯一的男性反而是家里最矮的—1.80米。从邻居大哥混乱的着装风格之中，我似乎可以嗅到这位经济学副教授，对于欧元区经济危机迟迟不肯离去的深深忧虑。他经常穿得像要去健身房打篮球的，脚底下却蹬了一双擦得锃光瓦亮的大皮鞋。邻居大哥上中学的时候是篮球运动员，曾经代表荷兰参加过欧洲U18篮球比赛，梦想成为NBA的顶级前锋。很巧的是，命运也跟他开了个玩笑—他的身高停留在1.80米，连一厘米也不肯再长。对于一个篮球前锋来说，这个身高有点太说不过去了。和造火箭的大姑娘一样，这位老兄也被身高给耽误了。后来他就研究上了经济学。

父亲在少年时代未尽的梦想，促使篮球运动成为孩子们最大的爱好。邻居大哥在街边的路灯上挂了一个篮球筐，我们刚刚搬来的时候，时常见到两个姑娘陪着爸爸在路灯下打篮球。过了些日子，大姑娘搬走了，只偶尔周末能见到她，平时只见她妹妹和爸爸一起打篮球了。二丫头现在即将中学毕业，课程繁忙，她又有计划想要去英国留学，更是忙上加忙。偶尔听见窗外有篮球落地的声响，看窗外街灯下，也只有已经秃了顶的邻居大哥一个人，他的女儿在书桌前忙着学习呢。

邻居夫妇新买的公寓在阿姆斯特丹市内，交通远比我们这小镇要方便得多。孩子们想回家的时候，也可以方便些，免得在路上浪费时间。公寓面积不大，大哥说，孩子们都搬走了，太大的房子，他住着不舒服。

牙哥手里抱着我家的二丫头，米儿在边上听着我们聊天觉得不耐烦，想溜走去玩，牙哥揪着她的马尾巴不撒手。这个招数是我爹交给牙哥的，我小时候也经常被我爹揪小辫子。这个招数虽然有效，但是米儿不是很喜欢，她“嗷”了一嗓子，使劲甩辫子噘嘴瞪眼抗议。邻居大哥被米儿逗得笑了，他说，他女儿小的时候，被爸爸揪着辫子，也是这个表情。

我家旁边的树林景色

后　记

THE MAKING OF A MENTALLY STRONG GIRL: STUDYING ABROAD ALONE

我女儿每天临睡前都要读书。读一段荷兰语的，读一段中文的。荷兰语的一段是牙哥读给女儿，中文的一段是我来读。我在给女儿读的，是《唐诗三百首》。大丫头趴在我怀里听，二丫头在爸爸怀里，两只手扒着爸爸的脸，瞪着眼睛。大丫头米儿已经三岁多了，能听懂了；二丫头菲菲还不到一岁，也不知道她听不听得懂。

我念："君自故乡来，应知故乡事。""来日绮窗前，寒梅著花未？"米儿问我："花？"二丫头菲菲穿着粉红小花的睡衣，米儿说："菲菲的衣服上有花。"米儿有时候也喜欢跟着我念诗，不过这句诗对她来说好像难了些。

我翻了一页，是《游子吟》："慈母手中线，游子身上衣。临行密密缝，意恐迟迟归。"这诗好像也难了些。

我再翻一页，是《静夜思》。我念："床前明月光。"米儿跟着我念："窗前（千）明月（约）光（guáng）。"她的中文说得不利索，发音也有点怪。我念："疑是地上霜。"米儿又跟着念："疑（一）是地（滴）上（商）霜（爽）。"我再念："举头望明月，低头思故乡。"我说："举头望明月，就是抬起头看月亮。"米儿听了，跟着抬头，恨不能把头抬成90°，脸朝着天花板。今天是农历九月十五，多云，看不到满月。我说："低头思故乡，就是把头低下来的时候，就想到了自己的故乡。"我一说到"低头"，米儿又使劲地往下低头。这样低头抬头地玩儿了几回，米儿的脖子和下巴也累坏了。菲菲看着姐姐，觉得好玩儿，逗得她也咯咯直笑。

米儿笑够了，问我："什么是故（咕）乡（翔）？"我纠正她的发音，是"故乡"。米儿被我纠正得不耐烦，问我："到底什么是故（咕）乡（象）？"我说："是一个地方。"她问我："是什么地方？"我说："故乡是有爸爸妈妈的地方，是有很亲爱的人的地方，妈妈的故乡很远很远。"她又问我："为什么你的故乡很远很远？"我回答不出来，只好对她说："妈妈也不知道。"米儿觉得没意思了，撅着嘴没说什么。

读完书，米儿和菲菲刷好牙，擦了脸蛋香，要睡觉了。米儿回到她自己的房间躺下，房门才关上，她又跑出来。我们才要赶她回去睡觉，她说："我再问一个问题。"米儿问我："在故（古）乡（象）干什么？"这问题真难，答案太多了，我只能捡重点回答。我说："在故乡和爸爸妈妈一起，在故乡会觉得很舒服，很开心，很好。"米儿满脸恍然大悟的神情，得意扬扬地说道："哦！和爸爸妈妈在一起，和菲菲在一起。"她又再亲亲爸爸，亲亲我和已经睡着了的菲菲，心满意足地睡觉去了。

她脸上的表情，和我的母亲很像，我很想念她。

王淼

2017年11月4日 于 荷兰

附　录

THE
MAKING
OF A MENTALLY STRONG
GIRL: STUDYING ABROAD
ALONE

我的荷兰准女婿

直爽是什么？有一说一有二说二，这是好听的，贬义里最好听的就是口无遮拦。但不管用什么词，这件事发生在未来的女婿身上，恐怕都不太妙，不太妙的事情偏偏与我有直接关系。我的荷兰籍准女婿大牙到我们家的头一天，就发生了。

12 月中旬某日的一天下午，我们老两口把女儿和她的男朋友从首都机场接回家，正围在桌子前吃饭，我老婆问他："饭菜还可口么？"这话，通过女儿翻译给了他，按咱们中国人的心思，怎么也得说太好吃了，谢谢一类的吧，谁知他居然用筷子指着一道菜，什么菜我已经忘记了，但他说的话通过女儿的嘴，我却记住了："有点甜，最好不要放糖。"他不爱吃甜的。直爽，真直爽，我算是领教了。不但如此，他说的我再听不懂，可还没丧失理智，我还听出来，最后一句肯定是我闺女自己加上去的，算是她给我们的提醒。我闺女在荷兰与我们视频的时候说过，是外国人说话办事不拐弯。真是不拐弯啊，这头一天就领教了。反正他也听不懂中国话，我便说道："那他怎么不说那些好吃的呀。"我闺女说："别不讲理了啊，好吃的还用说吗，看不见他吃得多来劲？"如此蛮横无理的话，从我闺女嘴里说出来，我只能接受，要是别人，哼，姥姥。还没结婚呢，就胳膊肘往外拐，向着他了。可是话说回来，我们都是笑模笑样的，我还假模假式的把每个菜盘边上放个勺子，是让他盛菜用的，还给他示范了一下，可没几下，他就开始下筷子直接夹了，这哪里是从小吃分餐训练出来的范儿啊，而且从他拿筷子的姿势看，整个一个训练有素，我闺女讲话，训练他得有一个月了。怪不得用得这么好，也不用西餐那套酸文假醋的招式。从 2003 年闹 SARS（非典）开始，我们就听专家说分餐是多么文明了，中国人吃饭方式多不文明野蛮了，这事实又让专家挨了一砖头。专家挨砖头，虽不会一下就灭亡，但砖头挨得多了，就会失血过多休克。

见我们说来说去，就是听不懂，大牙看看这边看看那边，那样子可怜虫似的，行了，我心一软，别再折磨他了，爱怎么着就怎么着吧，谁让人家不拐弯呢。我们一边吃一边说，突然间，那家伙嘴里又冒出一句什么来，闺女先乐："他惦记着什么时候去吃烤鸭呢。"天啊，这家伙不会就是个吃货吧？虽说在外国人眼里中国共美食一色，烤鸭与长城齐飞，但也不能这样吧？他万里迢迢从荷兰的阿姆斯特丹转道法兰西的巴黎，来到中国的心脏，当时可说的是来跟未婚妻的父母谈谈，特别是要跟岳父老泰山单独谈，还没谈呢，就这么个表现？难道要谈美食文化吗？人最重要的是第一印象，我的天，印象真好，真直爽。好在闺女之前猛给我们打预防针："外国人的思维跟咱们不一样。"哈，不一样，真不一样。我闺女还说呢，他这不算什么，还是收敛着呢，不熟悉，我要跟你们说一件事，你们更受不了，颇具“笑”果：一个上海姑娘，找了一个外国小伙儿，回上海探亲，娘家十分高兴，把七姑六姨三叔都聚集在饭店，以展示跨国的爱情，谁知开席不久，丈母娘兴头刚起，大家推杯换盏正要来神，那美国小伙站起身来，走到那份鱼面前，伸手端了起来，丈母娘领会得快：“说，他要给大家分一分，是祝大家年年有余。”这在中国是多吉祥的事情呀，谁知道小伙子偏偏把盘子放到自己面前，说了几句，亲朋好友里有听得懂的，翻译出来了：这鱼太好吃了，但他却很少吃到，这些就全归他一人吃了，请各位吃别的。我闺女讲到这里，给我一个结论：“人家外国人就这样。咱们家的外国人没这样，那是我早就警告过他了。”

天爷呀，受过警告的就这样，那要不警告会是什么样？

说到这儿，我还没把背景说清楚：前些年，我的女儿苗苗去荷兰留学已经数年，今年夏天即将毕业，她学的专业至今我也弄不明白，2009年底，她看到一个公司的启示：想请人义务建一个数据库。于是她去了，她利用三个月的业余时间，终于把这个数据库建好了。这期间一个小伙子对她产生了好感，就在她结束工作前夕，向她表达了爱意。他不但自己直接表白，还托另外的人向她表达，这小子，在这方面心眼儿挺多，直爽而且会拐弯。这家伙叫什么名字呢，弗兰克，过了一段时间，女儿说就叫他大牙。原因是他的牙床上多长了一颗虎牙，小时候他爸带他到医院去做手术，征求他的意见，他不同意拔除，他父亲把后果告诉他，并且说是后果自负。经过一年的交往，大牙向她提出来，到北京见你的父母，就是我们老两口子。而且，就在他跑到美国纽约公干的时候，买了两张经巴黎到北京的机票，如果从阿姆斯特丹直飞北京，机票贵 200 多欧元，换成人民币，就是 2000 多块。这小子，大衣柜坚决不安拉手，就是抠门。

女儿远走千里万里，却永远走不出父母的心，我们担心她的一切，好在她的学业优秀，我们有些安慰，但学成之后是回来还是留下，很是令人纠结。女儿守在身边自然好，但生活的压力太大了，虽说我们在经济上能够给她帮助，但生活的一切还必须要她自己面对。有一天晚高峰时我乘 5 号线地铁往北走，我是从刘家窑上的，有座，在磁器口站上来一位二十岁出头的姑娘，背着一个小包，手里提着一个很重的袋子，被人们挤得来来去去，重袋子就压在了我的腿上，看着她那样子，我想起了我的女儿，跟她一般年纪，如果女儿回北京，免不得也要这样被挤来挤去。我实在是心疼眼前这位姑娘，便把她的袋子接过来，姑娘说谢谢。我在大屯站下车，姑娘还要继续向北，唉，这是多么辛苦的生活。但她如果不回来，我们老两口就会过上空巢的日子。女儿想留下，但我们告诉她，不许把留下的希望寄托在嫁给当地人这条路上，原因很简单：好的婚姻一定是有缘分，事先设定条件，根本不靠谱。她在实习期间，就有数家公司表示要跟她签订合同，这些合同已经满足了荷兰政府规定的外国留学生留在荷兰的各种苛刻的条件。可以说，留下已经不成问题了。而也就在这时，经过半年多的交往，她告诉我们，可以初步确定与大牙的关系了。

我们自然高兴，但同时又多了一种担心，父母担心孩子的一切，永远不会放心。每周她的妈妈总要跟她视频若干次，哪怕是只有十多分钟，她的妈妈也要问："大牙对你好不好？"回答总是好，而我们的设想是孩子一定怕我们担心，报喜不报忧。

就在这个时候，女儿说她和大牙要到北京，看爸爸妈妈。而让我们最想不到的是一个啼笑皆非的事情，大牙问她：要不要给我们磕头？

原来，大牙有个比他小一岁的弟弟，找了个纽约华裔姑娘，那姑娘家还保持着古朴的中华风俗：女婿见岳丈，要磕头的，而且要真真切切地脑门砸地，咚咚咚，掷地有声，岳丈岳母各磕三个，其余亲戚磕一个。这样一路磕下去，想想吧，会是什么样子？所以当得知大牙找了一个非常正宗的北京姑娘时，他的弟弟告诉他："这回你也磕头吧。而且一定会比纽约要求得更严格。"为此一确定要来北京，大牙的心里更忐忑不安，问："真的要磕头么？"第一次听到要磕头这事，我都有点懵，继而觉得太可笑了。后来女儿在视频时，三番五次提到磕头，我们一再说："不用啊。"女儿也说："我跟他说了多少回，他就是不信啊。他怕呀，从心里怕。"我都快乐喷了："这是哪儿跟哪儿的事啊，你当现在还是大清朝啊，扎着小辫子缠着小脚呢？"据说大牙见他弟弟一次，他弟弟就跟他强调一次，说是全体中国人都讲究的，磕头是必须的。但是那家伙就是不信，他怕啊，弄得他跟龚琳娜的成名曲一样，忐忑完了还是忐忑，上飞机往北京飞的前一刻，他还在问。我告诉视频里的女儿，就跟他说，把脑门子磕出血来才显得真诚，而且不只磕三个，咱们现在是从封建社会一下子跨进社会主义初级阶段，社会进步思想也解放，磕多少要随我高兴，不说停就一直磕，没准就让他磕到明天早晨。女儿大笑："我要这么告诉他，他非得跟周星驰似的喷血。"

在家里，由于语言不通，经常是我们跟女儿聊得热火朝天，那家伙可怜巴巴，在一旁听天书的似的，其实我们已经看出来，他非常想跟我们聊，我们说："女儿，你跟他说几句。"女儿说："别理他，跟他说的时间多着呢。"而每当他显得特无助时，我就说："他是不是想磕头了？"而且故意摆出严肃的样子来，女儿就说："爸你别吓唬他，他中国话会的不多，磕头可听得明明白白。"既然如此，我别多嘴了，回头再把孩子吓出毛病来，饶了没让他磕头再留下点心理阴影，哪个值得多呀。

闲下来，我们老两口用最四十多年前学会的两句英语，问怎么称呼他呀，总不能当面叫他大牙吧，沟通半天，才弄明白，写成中国字就是优一，这名字好，优中选一，问完他，他开始问他的岳母叫什么，这小子挺有心眼儿，还用了一个小本记下来，有中国字，还有汉语拼音，而且拼得基本正确。这小子除了会他们国家的荷兰语，还会与荷兰语相近的德语，并且会西班牙语。当然了，这小子要是不会英语，当初也不可能跟我女儿套近乎，而且当得知我女儿会几句法语时，还假装法兰西式的浪漫，跟她来几句法语。现在他努力学习中国话，我当然高兴，这也说明他对我女儿的一片真心，不然劳这个神干什么？就在优一专心写他未来岳母的名字时，他未来的岳母对他未来的岳父说："看着吧，问完我就问你。"果然，他抬头转向我，蹦出三个字："王先生。"而且是用清晰的中国话说出来的。我简直要疯了：有这么没谱的女婿吗，我成王先生了。女婿朝老丈人叫先生，前门楼子烟袋锅子，这都是哪儿跟哪儿啊。他要是黑头发黄皮肤黑眼球，我非得让他滚出去，可是这小子黄头发白皮肤绿眼珠，只能听得懂勾瑞的（滚蛋），我还不会写这几个字母，因为当年我的英语老师骂一个同学时，说了这么一句，我就记住了。可我不能骂呀，骂中文他听不懂呀，再说了老丈人让女婿勾瑞的，姑娘还不把爹的脑门子凿青了？没别的，相互理解吧，这小子本意也是好的，再说了，我不就是王先生么？于是王先生老老实实地说出自己姓氏名谁，还教给他写。反正他是在考察期里，考察他对我女儿的态度，最后说他好还是不好，问个名字不重要。再说了，外国人不都是喜欢叫名字么？我也观察了，这家伙跟他岳母说话，常常是妈的妈的，当然说的不是中文，是英文，要是这么说中文，这小子麻烦就多了，吃东西的时候，还常举过来给我们，虽然不确定是不是女儿教育的结果，但有这个行动，我们也就知足。

优一喜欢运动，骑自行车爬山长跑踢足球……去天坛玩儿的时候，他看到踢毽的人，人家一招呼，他上来就踢，居然是颠球的姿势，还用腿肚子来两下。荷兰没有山，海拔 300 来米就是山了，我一听，行啊，这回碰到我的老本行上了，让你见识见识咱北京的山，也不去别的地方，去我最熟悉的门头沟吧，经过定都峰到潭柘寺。路途不远不近，足以检验他爬山的成色。优一一听到爬山，直呀呀，不用翻译，也知道是高兴。

我们开车直接到山下，我告诉他，预计要用 5 个小时，平时我爬山是从中门寺上去，这次特意从大峪南街的山起处开始爬，让他体会一下爬全山的味道，他很兴奋，山上有人工修建的水泥道和一尺来宽的小道，他专选小道走，看得出来，他确实是常爬山的，一点不发憷，尽管我们之间没什么共同语言，就是有也说不出来，但一两个动作，就能心领神会，比说话省事多了。半路上，他接到一个电话，说了几句英语，就把电话给我了，对方是优一的朋友，曾经在荷兰读博，与优一住在同一栋宿舍楼里，此次优一来京，想跟我单独谈谈他的婚事，请这个朋友做翻译，这个朋友很忙，要忙里偷闲，此刻打电话来，就是告诉我，想把时间定在今天晚上的 5 点钟。放下电话，我看了一下时间，以中国话加英语再加上手势，以如此复杂的方式告诉优一：我们不能走到潭柘寺了，只能到定都峰，最晚下午 3 点钟往回走。

定都峰是这一带群山里最高的峰，如果站在长安街往西看，看到的就是它。它有很丰富的传说的，但我根本没办法告诉他，远远地就看到，定都峰尖上有一个人工建筑，优一以为是非常古老的历史文物了，他知道北京古建太多了，问我：“明、清？”我摇头：“闹（No）。”用手一比画盖的姿势，说个单词 SUMMER，他就明白了，夏天开始盖的。果然，脚手架子还没拆呢。到了跟前，只见主体已经基本完工，正在进行内装修，各种化工原料的气味非常浓烈，呛人。几个工人见到突然间来了个老外，不等优一开口，他们先打招呼：“HELLO。”优一则是中国话：“你好。”我们沿着内部的楼梯走进去，内部的彩绘基本完成，优一用相机照了许多，工人师傅告诉我们，塔高 32 米，我们一直到最高一层，我用手指着东面的方向，说：“长安街。”优一立即明白，但不远处白雾茫茫，谁也不知道有多少 PM2.5。我要是牛魔王，一定借媳妇的扇子，扇出真正的一级天。我骨子里真不想让外国人看到这么严重的污染。

往回走，我带着优一走另外一条路，有一处山泉水井。有许多山下的人，会走十多里路上来背水，为保证水质，人们在井上盖了小房，备了取水的简易桶，优一连呼好水好水。居然是用中国话喊的。离开水井有两条路，他要选下面一条，我摇头，他还要走，我又摇头，示意另一条，而这一条明显是上山的，见我坚持，他只能跟我走，他万万想不到，仅仅走出一个小拐弯，他惊呼了声，一间破旧但明显历史悠远的小房子出现了。

这是一处古迹，应该曾是一处出家人修行之处，重青石为墙薄青石为顶，高两米有余，后墙依山石而起，房顶已经坍掉近一半，门楣顶处青石上有繁体白云二字，后面还有一字，已经无迹可寻，不知是寺是观，有几百年的历史应该没有问题了。优一见此十分惊讶，他们是很重视传统的。优一十分兴奋，他是无论如何想不到在这荒山之处，有如此人文景象的。文化背景的不同，对事物的理解是不同的。而在深山悠远之处修行，正是中国文化中十分重要的一部分。

一趟历时四小时的山走下来，优一对他的未来的老丈人另眼相看，伸出两个大拇指，是的，我这五十多的老头子，爬山没输给女婿。其实我特想告诉他：这不过是张飞吃豆芽，小菜一碟。再走两个小时也没问题。

其实这么闹来闹去，不过是热闹好玩儿，说起让人喷饭的细节，还多着呢。比如一天早晨起来，他掰着指头数着一点两点三点四点五点，然后才睡着，一问，原来是头天晚上喝了杯咖啡，过度兴奋，失眠了，他指了一下放在饭厅里的小座钟，我们差点乐出声来，这个小座钟原本放在他的房间里，失眠闹得他连这点小声也无法忍受，半夜里把他端了出来。那天我们去看望孩子的两个姨妈，十数口人聚在一起吃饭，大家也都随着我们喊他大牙，反正他也听不懂，当天吃饺子，包了五种馅儿儿，先上来的是三鲜，很对他的胃口，便高高兴兴地吃起来，快见底的时候，忽然停住不吃了，问他为什么，女儿一翻译，差点把我们气死：吃得高兴，想起来不能一下吃饱，要留着肚子等着吃那几种馅儿。我们说，别真是一个吃货。事后我老婆给她大姐打电话，大姐的孙女已经四岁，正是童言无忌之时，这孙女抢着接电话，我老婆问她："去你家那个外国人叫什么呀？"这小家伙说："有人叫他大牙，有人叫他吃货，我也不知道叫什么。"

在我们家里吃饺子的时候，我们招呼他来试一试，他问："也是五种馅儿么？"他也许以为北京人包饺子就这五种馅儿，我们告诉他不是，这回是两种，咱们人少，包那么多馅儿吃不了。当然这次的馅儿跟那五种不同，他有点惊讶，还有另外的馅儿？外国人说什么也想不通，中国人怎么会变戏法一样，弄出那么多的好吃的。法国大餐，不过也就那么几道菜，而中国随便一个小饭馆，看看菜谱也能弄出几十个菜。更别说什么菜系，什么满汉全席，凡是能吃的，有什么不能当饺子馅儿呢？关于饺子有个故事，绝对不是编，是我女儿亲历的，一位教授曾经对她说，中国的饺子非常好吃，但他不明白，馅儿是怎么弄进去的。

优一这次到北京来的目的，是要告诉我们，他为什么要娶我的女儿。跟我单独谈话的时候，他问我一个问题："你是如何教育女儿的？"我告诉他："就两个字，快乐。"他太高兴了，说这也正是他愿意娶我女儿的原因，跟她在一起，永远是快乐的。

我并没有说瞎话，在我们的现实生活中，正如一位名人所说，不如意的事情十之八九。这些不如意，妨碍着我们快乐。中国的历史，也可以说是苦难重重，但这能妨碍我们快乐吗，我的回答是不能，什么都不能。树下弹琴，苦中也要寻乐。何况世界上快乐的事情非常多，只要心中有欢乐，什么也挡不住。这是生活的本质。

当然，仅有快乐是不够的，我要看的，是这个快乐的优一，是否爱我的女儿，十多天的相见，要想看透一个人，是不够的，但也足够了。我发现了一些这样的细节，我们去友人家返回，路上才发现，女儿的帽子忘在了人家。我们批评她丢三落四，车一停住，优一拉着她就奔了商场，立即又给她买了一顶毛线帽子。他一句也不说她。我家里有一堆山里红，女儿拿起一个要吃，优一从她手里要过来，又递过去一个，优一递过去的，是一个又大又好的果子，被换掉的山里红有块小伤痕，他把伤痕抠掉，自己吃了……如此种种细节，在大家不经意间随时可能发生，十分自然。这让我记在心里。

一个人真心地爱一个人，珍惜一个人，才可能有这样的举动。

就凭这些，就能相信他么？我通过他的眼神，我相信这一切都是真的。而且这个孩子真诚，他说话的时候，静静地看着对方，从不躲闪，只有真诚，才能这样。

至于他那天晚上跟我谈了什么，这不能透露，这些，只属于我们两个人。别人不应该知道。

距 2012 年还有两天的时候，优一和我的女儿要回荷兰了，我满脸笑意，送别他们。半个月前接机的时候，看到优一的第一眼，我不知怎么回事，竟然眼中含泪，他们在北京期间，我也偷偷地哭过几次，就在他们临行前，我明白了，那时的泪水，是担心，是一个父亲对这个闯入者的不信任：不能轻易将女儿托付给这个陌生的小伙子。而我现在认为，可以的。尽管在此之前，我相信我的女儿不会错看人。经过这几天的接触，我也相信了他。所以，我满脸笑意。女儿有了好的归宿，我有什么不高兴呢，我才不会像某些娘家人，舍不得这舍不得那，她找到了属于自己的爱，将与他一起筑自己的巢，这是多么值得庆祝的好事，我高兴。我郑重地拍拍他的肩，经过那次交谈，他当然知道这是为什么。

后记：我的女儿会拉二胡，我和爱人商议后，决定买一盘闵惠芬老师的二胡曲 CD 盘，作为礼物送给优一的父母。女儿回到荷兰后通过视频告诉我们，优一太喜爱这盘 CD 曲了，把原盘留下，将翻录的 CD 送给了父母。得知此事，又让我大吃一惊，这小子，太有意思了。其实，这也不是第一次了，就在 11 月份的时候，优一的母亲过生日，我的女儿由于上课，便没有过去祝贺，烤了一份蛋糕，让优一送过去，这优一禁不住美味的诱惑，居然在路上吃了好几口。在我们中国人看来，这也太不像话了，但如果再想想，正是因为父母对孩子的爱，孩子才敢如此。偷吃的事情，中国只能发生在小孩子不懂事的时候，其实长大了也敢吃，更是正常的，因为符合人的天性。母亲的生日蛋糕，儿子太有权享用了，他不过就是早吃了几个小时而已，没什么大不了的。这样的事情发生在中国，我们当父母的，又能说什么呢？孩子是自己惯出来的哟。只不过我们传统中束缚天性的东西太多了，以至于我们不能自拔，一天到晚正襟危坐，累得半死，尚不自知。

比如传统里女婿就得给岳丈磕三个响头，如今不磕，也无妨。

在荷航上

2012 年 10 月底，北京秋冬之交，有点乍冷还温，冷空气一股子一股子的，没冷空气的日子，天气预报就说，不利于空气中污染物的扩散，所以我就知道，污染不污染，是冷空气的事，跟其他没任何关系，比如 26 号，到了中午，冷空气没来，理所当然就还不扩散，以至于荷兰航空公司的乘务员哇啦哇啦说了一通之后，被翻译成中文，说了关于航班的事，最后还搭上一句，由于雾霾，不能确定大家能不能看到中国的长城。您要问我是怎么知道的，因为正好我和我爱人就在这次航班上，到荷兰去看女儿。一是她已经大学毕业；二是找到工作，签订了长期合同，11 月 1 号上班；三是在 11 月 9 号举行婚礼；四么，也是我和老婆第一次出国。所以这一次去荷兰，有多重意思在里边。

飞机预计要飞 10 个小时，第一次坐荷航，他们真是与中国航班不一样，起飞时没有详细的什么逃生演示，如何扣上氧气面罩，救生衣在座位底下等。起飞前这头一条就没中国国内航班好，至于空中看长城吧，对我来说无所谓，反正我们的座位在中间。在这趟航班上，前半舱基本是中国乘客，后半舱是外国乘客，大概机场安排座位的时候就这么弄的，因为前边是中国空姐服务，后面是荷兰空姐服务。本人由于 700 度的近视眼，前边的空姐看不到，也没兴趣看，冷冰冰的微笑，透着一股子寒气，我又不想加穿一件棉外套。荷兰空姐倒是看得真切，黄头发，白净，还有就是个子高，我一度怀疑她们比机舱还高。再有就是感觉她们体力好，不知道累，除了起飞和降落那一段，她们不知去了何处，剩下的那些时间，瞧啊，就显她们忙了，推着货车一趟一趟过来过去，不停地送，指着车上的东西，问这个问那个，妻子让我给她拿了一块巧克力，我又给自己拿了一块。飞机上供应葡萄酒，我一直不喝酒，就没要，旁边一位出国培训的小伙子看看酒签，说是智利的。我知道智利葡萄酒好，全是火山灰上长葡萄，反正就是好。于是生出尝两口的心思。然后，我要了一瓶红的，居然发现还有白的，但不好意思，灵机一动，指指妻子，指指白的，于是一人一瓶。打开喝一口红的，再喝一口白的，感觉一个更酸一点，后劲还有点微甜，我认为不错。

知道荷兰的中国人，至少听说过三个城市，阿姆斯特丹、鹿特丹和海牙。我的女儿在荷兰南部的埃因霍温读书，足球迷一般都知道这个地方，荷甲的大牌球队在此。女儿和女婿优一来接。

第二天，奔赴阿姆斯特丹旅游，有城铁直达。中国人把这里简称为阿姆，阿姆什么最吸引中国人，谁要说不知道，那是胡说八道。大约三十年前我看过一部荷兰电影《阿姆斯特丹的水鬼》，内容全忘，只记得片头，游船从桥下过，吊着一具血淋淋的尸体，把船都染红了，大概这就是他们的恐怖片。阿姆分老城新城，老城全城都适合慢走闲逛，一条街又一条街，一条河又一条河，一座桥又一座桥。最热闹的地方，是市政厅前边的广场。摆满了游乐设施，有上下乱窜的，有在原地飞转的，有把人抡起来的……还有各种小吃摊，一个摊接着一个摊，就在有轨电车的轨道旁边，没什么栏杆、分道线一类的，红绿灯倒是有，但也不像北京那么规矩，东边有西边也有，简直就是乱七八糟。爱刺激的人在游乐设施上大呼小叫，设施自己也上上下下地叫，举着小吃的人在一旁观看。四周汽车、有轨电车、自行车、电动车开来开去，这叫一个乱，而且周围还围着十多层的楼，把所有的声音都拢在这里，就更乱。而最让人难以想象的是，阿姆的市长大人办公室居然就在后边这座楼里。他也不嫌乱？也不在这地方贴个条子：办公重地，保持安静。

在阿姆的街上胡乱地走，忽然发现桥头处有个一人多高的铁笼子似的东西，哈，居然是给男士预备的厕所，而在以后的日子里，发现在荷兰供男士方便的地方太多了，就一个十字亭子似的地方，完全敞开式，掉过身子就 OK 了。作为中国人，恐怕根本接受不了这种方式。阿姆街头的人太多了，真是摩肩接踵，到处是停着的自行车，汽车也偶尔从前边或者后边开过来，这地方街头艺术家太多了，随便放眼过去，不管旮旯里还是大桥上，都有他们。有一对男女，一个拉风琴一个唱，他们不要钱，是在劝人们信奉上帝。在街头上走了几个小时，乱乱的，居然也没看到人人心里有嘴上无的那个地方，只是有一次在无意中回头，却见一门处，一个比基尼女士门内摆着姿势。在阿姆，随处可见的就是咖啡馆了，但是头一次到这里的中国人，特别是对各种外语一律不懂的人，千万不能随便进，尽管写着咖啡，但很可能是大麻馆，与只喝咖啡的地方，用颜色区别开来，在荷兰吸食大麻是被允许的，不同的省份，有的要证件，有的不要。阿姆好像是不要的，随便进。这就更可怕，那东西是沾不得的。阿姆的街是很好看的，游人只能走马观花，若要观得最好，须乘游艇，那是别有韵味的，建筑风格与我们北京迥然不同，随便一处教堂，随便一处楼房，被导游一说都很吓人：几百年以上的历史了，游艇绕阿姆老城走，便能尽睹老城的风采，房子高高低低，出落在长长短短的秋叶后边。房子的顶，把蓝的天错错落落地剪，一缕淡白的云过去，是一次画笔的轻描，一大块重云袭来，带着浓烈的厚底，便把太阳遮了。而此时船也来到小桥处，便是透过桥栏，看阳光打在重云上，反射着的光辉，那样了真是灿烂辉煌。据说除去雨雪阴天，阿姆永远是这样子。看来我是少见多怪了。看街景的时候，你会发现这里有一个奇妙的景象：沿街的老楼最高处，会有一块凸出来的小房檐，伸一个钩子，我百思不得其解，便问导游，他解释说：阿姆一直是寸金之地，荷兰卖房子卖的是室内面积，因此，楼道很窄，一些大件物品无法搬运，有了这个钩子，就可以通过它，用绳索把物品吊起来，打开窗户搬进去。原来如此。在阿姆的街上，有一家泰国餐厅，火得不得了，也就是二十多平方米的样子，三分之一的地方是厨房，三分之二的地方摆了五六张桌子，挤得不行，那样子跟北京胡同里的餐馆没区别，我们到那里时客满，要等。而这餐馆的对面，隔五六米宽的路，也是这家老板的餐馆，上下两层，有七八十平方米，装潢考究。但这里却格外冷清，只有一桌客人。两边形成鲜明对照，而两边的饭菜出自同一厨房，同一位厨师，由店小二给送过来，但就是这么奇怪，人们宁可在小店里排队挤着，也不上这边来，既然如此，我们也入乡随俗了，宁可跟这边等着，屋里边没地儿到门外站着，也绝不去那边，凑的就是这份热闹，要的就是这个劲儿。

海牙是荷兰的另一个著名城市，我们去的时候是个下午，细雨连天，到处湿乎乎的，深秋的季节，还有很重的凉意。第一个目标是去看看议会大厦，下了车绕了几个圈，女儿是去过的，她觉得到了地方，却找不到大厦，回头一看，过了，再往回走。那里有一处荷人骑马的雕塑，据说是皇家几世的，皇家的姓氏翻译成中文，乃橙子或者橘子之意，所以荷兰到处橙色，足球队被称为橙色军团。议会大厦按我们的意思简直是不可理解，那应该多么气魄呀，结果呢，仅是一圈楼，某处开有一过街楼，外侧有几个铁桩，汽车到此处，可进出的，会从车前某处放一束光，与一桩相对，此桩便下落，待车过升起，没有岗哨，任何人都可以步行着从过街楼下穿行。倒是议会门外，有个炸鱼摊，那种支着棚顶的摊位，就叫议会炸鱼店，知道议会大厦的人，都知道炸鱼店，生意十分红火。既然如此，我们也去尝尝吧。其实这里的炸鱼也没什么特殊的，倒是餐巾纸让我难忘，这张纸以红勾边，蓝白花瓣为框，中心洁白的底色上散飘着五瓣花，花瓣红心蓝片，以线勾勒，极似中国画的工笔，一角里还有小朵莲花盛开，而且印刷精细，毫不粗糙，这哪里是一张餐巾纸，就是一件艺术作品。一处连街头小馆都称不上的摊儿，居然是这么考究。我特意多拿了几张餐巾纸做纪念，把它们带回了北京。

1. 在教堂里听音乐会

应女儿婆家邀请，我们去做客。亲家所在的地方，按照中国的标准，真是不知道算城市还是乡村。想想应该是居住区，有独栋别墅和公寓。样式都是统一的，这里有古老的教堂。亲家住在一栋三层的别墅，平时只有他们两个人。他们有三个孩子，都不在身边。

应该说亲家在荷兰是普通的中等收入人家，可以说，大多数荷兰人家，基本上都是这样的生活水平，亲家一家年轻的时候，住在公寓里，待有了一些积蓄后，大约十年前买下的这栋房子，一层一分为二，为客厅餐厅，客厅处有一架钢琴，荷兰人从小受过良好的音乐教育，基本上都会演奏一两种乐器，亲家母的母亲是音乐教师，擅长演奏竖琴，家里的音乐氛围自然更浓一些，在音响里面，是我们熟悉的中国音乐，是亲家特意安排的。亲家邀请我到琴前，我只能摆手：五线谱是什么东西我都不明白，绝对乐盲。二层是卧室，三层是书房和客卧室。再向上，是阳光房和露台，整个房子三面被家庭花园围绕。尽管已经是深秋，花园里依旧绿意浓重，几棵手腕粗的树立在其中，花园里居然还有一个不大的池塘，亲家母指指水面，做出一个蛙跳的姿势，嘴里学了几声蛙叫，我立即明白，夏天的时候，里面还有青蛙出没。由于语言不通，我的英语仅学了小学第一册，而且已经扔了几十年，所以与他们交流，就是一顿乱比画，而肢体语言最易懂。当然，更多的时候根本无法交流弄不懂，双手一摊，双方无奈地笑笑。

当天下午，天上飘着的雨不大不小，我们去了周末市场，平时这里是宽阔的广场，周末就是市场，那一摊摊的临时搭起的棚子，真是一眼望不到头，站在入口处，都觉得头昏眼花，他们兴致勃勃，我只好入乡随俗，跟着东看西看，忽然间，女儿来找我，问：“带着钱没有？”原来是亲家来到了炸鱼摊前要了几份，结果鱼已经按他们的要求下锅，但市场只收现金不刷卡，没办法，他们只能找别人，同行有七八个人，都没带钱，最后只能我掏出几块钱现金，真应了那句中国老话：一分钱难倒英雄汉。

在这个城市里，有一座博物馆，据说当年强大的罗马帝国北上，打到这里时，有一条河，再也没能越过去，博物馆里陈列着那个时代留下的各种物件。大到建筑物坍塌后留下的石柱，小到制作精美的耳环。博物馆还有当代的部分展览，最有意思的是一位六七十年代到过中国一位荷兰画家，画了一张画，非常准确地记录了那个时代中国的鲜明特征，正上方是毛主席的头像，光芒四射，左侧是亿万人民的偶像雷锋，右侧是工农兵学商各界代表，手持毛主席语录雄赳赳的模样。四十岁以上的中国人，看到这幅画，都能会心地一笑：太准确了。

当天晚上，亲家邀请我们去教堂里听音乐会。这是由当地各界人士组成的合唱队。亲家把请我们去他家的日子定下来时，就特别通过女儿告诉我们，选择这天的动机，就是因为晚上有这场音乐会。亲家母告诉我们合唱队里有她的两个闺蜜。在当地有许多不同级别的合唱队，她是另一支合唱队的成员，演唱水平比当天晚上的这个要低。这个演唱队的指挥是从音乐学院聘请来的，合唱队员们有统一的服装。演出之前要进行很长时间的排练，也到别的城市去巡演，所以售票，但不赢利，只为保证正常运转。当天晚上，合唱队以无伴奏的方式演出，用英语、法语、德语、波兰语演唱，当然最多的是他们的母语荷兰语。女儿告诉我，这样水平的合唱队，在荷兰有不少。而我们的亲家这种演出水平的队伍，隔一段时间也要在教堂里演出一场，那是完全免费的。教堂有演出的时候，是这里人们生活的一件很有意义的事，永远座无虚席。都会报以热烈的掌声，当晚的演出就是这样，可见荷兰人对音乐的热爱程度。

当天晚上的音乐会上，我们还见到了亲家母的母亲。老人年近九旬，一头银发，一副眼镜，淡紫色的围巾，一双高跟鞋。老人退休后把自己的房子卖掉了，大部分钱捐给了慈善机构。她虽然住在老年公寓里，但是身体康健，生活起居完全自己打理。她的丈夫很年轻时便去世了，她一个人将两儿一女养大。前几年过生日的时候，她的十多个孙辈们给他买了一辆红色轿车作为礼物，老人家到附近的地方去，会自己开着车，如果想去远的地方，就会提前给晚辈打电话，谁有时间，就会开着这辆车带她去。老人家现在最大的乐趣就是做饭，做了许多好吃的，一个人吃不过来，或者自己开车给晚辈送去，或者打电话让他们来吃。一个人过得很快活。在她的房子里，有一个大的木柜，这是她的外祖母的嫁妆，150 年往上的历史了，已经散了架，前些年她请来木匠，花了重金拼装、油漆。她为家里的这件古董而自豪。她说很希望将来有人来继承这件物品。荷兰人是非常注重历史袭传的，重视家庭生活，而他们却并不太在意留给后代多少财产，只是精神文化的传承。我想起女儿早些时间跟我说的一件事，她的公婆前几年买了现在的这套别墅后，就去公证处立下遗嘱：百年后把房子财物等全部捐给慈善机构。

过去我们只是从国内的报道中，见过这种只言片语的报道，而这次却是亲身经历。而我们中国人却是想办法给子女留下更多的物质财富，有人说外国人之所以这样，是因为他们有高额的遗产税，我认为这个说法并不合情合理：征得再多，也还会给孩子留下一部分，至少从中国人的思维看是这样的，而联系国外的情况来看，孩子年满 18 岁后，他就应当自立了，不应当再依靠父母，特别是从经济上，这一点在我的女婿身上也得到了应验。他在上大学期间，不仅打过各种零工，而且和他的弟弟开着大货车，跋涉上千公里，把价值数百万欧元的电子元件从德国送往波兰。

第二天吃早饭时，有一大碗米饭，亲家母对着我女儿说了一通，女儿告诉我昨天晚上我女婿告诉他的妈妈，他的老丈人喜欢喝米粥，于是亲家母便煮了这碗“粥”，我只能笑，表示感谢。荷兰人从来不知道什么是粥，能把米下在锅里用水煮，已经很不错，不过就是米多点水少点的问题。中国人说瓜子不饱是人心，何况是一锅粥了。

我必须把这锅饭喝下。

我们对西方的印象是家庭观念淡漠，亲人之间互不关心。至少我见到的不是这样。AA 制就是从荷兰兴起的，对于金钱，他们确实是很分明，但由此带来的是不会因为金钱而伤害感情，家庭成员之间因为争夺财产而生出恩恩怨怨在那里却很少听说，而在我们这里并不鲜见，那里见到的是人与人之间的互相关心，亲朋之间的互相关照。我在阳台上看风景时，远处的一位邻居看到了，便主动与我打招呼，素昧平生，却一张笑脸，这让我十分感动。在那些天里，我在街上也主动与陌生人打招呼，一声 HELLO，轻轻一笑。而回到国内，便没了这招呼，因为这不合时宜。

这也算是我在荷兰的 20 天的一点感受吧。

2. 俺有了外孙女

俗话说，人有见面之情，何况这人不是别人，是俺的孙辈。

从还没看见她的时候，我就有点闹心，甚至有点忐忑不安。跟单位请假，弄各种出国需要的手续，签证，买机票……这一切就为去看她。可在这时候，我还不知道是他还是她。俺女儿在视频的时候早就说了，预产期是5月中旬，于是我和妻子就订了5月中旬的机票，女儿说："不用来太早，这边您尽管放心。"

女儿说的这边就是荷兰。我要坐十个小时的飞机，去看俺的孙辈。人家那边根本不在乎生男生女，健康平安第一。国王都是女王，有什么重男轻女？而且一般情况下医院都事先告诉家长孩子的性别，但俺那女儿女婿说了："您千万别告诉我们，让神秘感保持到最后一秒钟。"

5月3号夜里11点58分，俺家的电话响了，我接的，女儿说："生了。是个女孩儿。"北京时间11点56分生的。阿姆斯特丹时间比这晚六小时，女儿说话有些虚弱。我问她自己的情况，她说没事。女婿和护士就在她的旁边。孩子的爷爷奶奶也在医院里。

过了一会儿，妻子的手机QQ上就收到了外孙女的照片。这个胖啊，闭着眼睛，侧着脸睡呢，红红的脸。女儿还附了一句，脚大。这让我想起女儿出生的那时，据妻子说，护士看到她的第一句话就是脚可不小，如今她已经为人母了，生的孩子也是脚大。哈。从这一刻开始，我的心里便是彻底长了草，惦记着她们娘儿俩，盼望着赶快去看我的宝儿。

第二天，她就从医院回家了。而她的家里除了家人外，还有一个护士。

女儿在荷兰坐月子

3. 护士阿姨跟着回家了

其实这个护士的叫法并不准确，也找不到合适的词翻译过来。

这个人不仅懂医而且会家庭服务工作。只能叫她护士吧。

我女儿怀孕后，除去正常的检查之外，医生告诉她，亚洲女性在妊娠期间容易患有高血糖，因此特别强调在这方面的保护。在生产的两个星期前，有专门的护士到家里来，为她进行体检，讲授各种知识，要求是丈夫与妻子一起听。大致内容是产妇生产后的六周内，由于需要恢复身体和带孩子，丈夫必须体贴。到临产前，有任何情况，孕妇可以 24 小时随时向医院、产科诊所等机构进行求助。在有必要的情况下，护士会随时陪伴在孕妇身边。在生产后，护士在照顾新妈妈的生活起居之余，还要向其提供专业的新生儿护理指导。比如怎样喂奶、换尿片，同时还对新生儿的健康状况进行监控。俺女儿是吃中国饭长大的，按咱们的传统，坐月子老母鸡汤绝对不可少，在这之前，还给她寄了红糖小米。都是专门挑选过的。但谁会给她熬汤啊，她自己也动不了窝儿啊，女婿一家都是荷兰人，我们在北京瞎着急。女儿打电话，说是那位护士按照她说的办法，熬好了鸡汤，还挺香，而且给起了个好听的名字——老母鸡的洗澡水。荷兰人是不喝粥的，护士在她的指引下，勉强熬了一锅小米粥，而红糖她一下也没动，理由是不爱吃。在她回家一天之后，护士换了。第二位护士进家，这位的特长是护理产妇、育儿和做家务。这些她都在电话里告诉我们了。她还告诉我们：生产六小时后，护士就让她起来去洗澡，这是在医院里，每位产妇都有自己独立的产房，配有卫生间和浴室，产房保持恒温，浴室配有特殊座椅，由专门的护士帮助洗澡清洁，以避免感染。护士要保证每天 8 小时在她家，时间是两周，进行各种指导服务。据女儿说，这位护士是阿姨级的年纪，手不闲，不停地干这干那，每天有几件事是必须干的，让产妇洗澡，把女儿家的被褥床单包括孩子的一切用品，往洗衣机里一塞，还有各种厨具，往洗碗机里塞，或者热水锅里煮，一句话三个字，讲卫生，不能感染。阿姨干活的同时，嘴也不闲着，嘴比手还快，说起来没完没了。从孩子大人，一直说到非洲人民的生活，看到我女儿是中国北京人，关于北京的话题多了去了。我接触到的荷兰人，没一个不爱说话的。一张嘴都是话痨级的。

我们在北京，心在女儿身上，早在几个月之前，就询问她是不是找月嫂，要不然就去月子中心。要是舍不得钱，我出。女儿大笑，您以为在中国啊，没月嫂这么一说，也没月子中心，由政府派人提供产前和前后的护理指导。根据家庭收入的多少，象征性收一点费，如果收入达不到一定水平，费用全免。我不太相信，她说是真的。到她生产前几天，她就告诉我们护士是如何说的，如何办的，到临产前，护士跟她一起到的产院，我才相信。

负责她产后的这位护士阿姨，正常说是要在她家服务一周的时间，我们是在她生产一周后到的，却没有见到她。女儿说，这位老阿姨提前撤退了，在我们到的前一天下午，跟她说："通过我的观察，你家里的人对你很好，对孩子也很好，你对孩子的抚育也很好，掌握了各种方法，我就放心了。我已经没有再来的必要了。"护士阿姨拿出一张纸，请女儿签字。说如果有事，请随时打电话给家庭医生，或者是儿童健康中心。

4. 要让孩子多接触外面

女儿的家在阿姆斯特丹的郊区，房前越过一条公路是树林和一个停车场。左侧和后面是树林和一个儿童游乐园，去游乐园的人们都把车停在那个停车场，右侧是邻居。门前的公路上以前是有公交车的，但经常空驶，原因是这里的人们愿意早出门，从小道上穿过树林，到另一条路上去坐公交。回家时也是如此，不忙着回家做饭，而且能呼吸一点树林里的新鲜空气。所以这辆公交车就撤了。荷兰的空气质量污染指数常年在 20 以下，如果到了 30，就能当新闻了。所以那里没人说 PM2.5 这类东西。

到了女儿家是下午，我们先就是一个惊讶，她说刚才她推着婴儿车，带着孩子到树林里转了转。我听说过中国人生孩子跟外国人不一样，可也不能这么不一样，才 10 天的孩子，就能带着到树林子里去？我差点跟她急了："咱们的讲究是妈妈坐月子 30 天，孩子 40 天不能出门呀。"女儿根本不在乎："去了好几次了。护士跟我们一块推着去的。"

接着她又来了一句："护士还给我们推荐了一个吃下午茶的地方，过两天带着您去。我婆婆也来。"

我说她："你不坐月子也就算了，也不能这样吧？"女儿大笑："谁说不坐月子了，荷兰人也坐月子，时间比咱们还长呢，人家特别强调产后六周时间内大人孩子的护理。但跟中国的观念不一样，人家强调的是在科学的基础上讲卫生晒太阳接触大自然。"

去下午茶那天，天气真不错，把我的孙女米宝放到婴儿车里，盖上小单子，拉上遮阳板，推着车走了有四十分钟，中间不认识路，还跟人打听，给店里打电话。我们选择了室外的一处桌子。我的天，旁边就是铁路线，双轨的。也就是一分钟左右，就有一辆城轨列车呼啸而过，还常常双向对开，地也被震得隆隆的。我的心一下子就揪了起来，只恐把孩子吓到。倒是女儿和她的婆婆，根本不当回事，但我别提多紧张了。反正她婆婆也听不懂我说什么，我就骂女儿，找这么一个破地方。孩子在婴儿车里睡着，中间还换了两次尿不湿，倒也没醒，不过每逢过火车，都有异样的表情。她婆婆特别喜欢下午茶，我也不好说什么。心里又急又气，终于熬过了这顿破下午茶。我估计这要是在中国，不用我，她婆婆就得直接把她骂昏迷。

都是婆婆，差距咋这么大呢？

好在孩子也没什么事。这次回来后，孩子继续往外带，每天至少出去逛一次，最多的是去外边的树林里，有时候女儿直接命令我："爸，推着您孙女外边转一圈去。"有一天，天一会儿晴一会儿阴，到了下午，孩子还没出去过，我看看天，觉得不会下雨，我妻子和她都有事，推孩子出去的事落到我头上，为防万一，我还拿了一把雨伞，刚进树林，一阵大雨砸下来，往家走是来不及了。就看前边树下还有两个妈妈带着两个孩子，我也赶快推车到树下，把雨伞撑在车上，唯恐雨点砸着孩子。那两个妈妈问我："China？"我点头："Yes，北京。"她们特高兴，想用英格列吃（English）跟我交流，对不起，俺就会点头 Yes 摇头 No。她们一摊双手，这我也懂，也是一摊手，一笑。好在雨只下一阵，我推着车就回家了，再看我的孙女米宝，人家睡得香着呢。我淋湿了，全身发凉，可是为了她，别说淋点凉雨，就是淋点开水也没关系。当然开水淋多了也不成，那我就是不是米宝这个荷兰姑娘她姥爷了。

5. 开裆裤与咖啡馆

在北京坐月子，似乎也不容易。请个月嫂至少一万块，新时兴的月子中心，我听说的几个准妈妈预定好了，价格从四万起直到二十多万。真吓人啊。至于如何呵护，我不知道，但我听说过一家，在婆婆家坐月子，婆婆家本是三居室，但不行，怕太乱吵到孩子，婆婆家对门的人家的房子一直在向外出租，婆婆就租了过来，这一租就是半年，因为人家不可能让你租一个月再给别人，还不够捣乱呢。有亲朋来探望，必须先到婆婆屋里，那边孩子如果睁着眼，又没哭，亲朋才可以蹑手蹑脚地进去看看，原因简单，月子里的孩子怕吵，怕吓着。

这是中国经验，我本来想把这套弄荷兰去，最起码要轻手轻脚吧，没想到啊，荷兰这边没轻手轻脚这一说，还没事开着音响给孩子听呢。什么样的音乐都听，有他们那边的交响乐，也有俺大中国的唢呐二胡。

俺那女婿会拉大提琴，晚上睡觉前，还时常给孩子拉几下。弄得我思想里边这个混乱。混乱的还在后边。

我们给孩子带一些小衣服，我女儿看看，说，穿不了，不是大小，是人家的孩子从来不穿开裆裤。

据说中国家长曾把穿着开裆裤的孩子送到幼儿园，老师还没说什么，荷兰孩子的家长不干了，这叫暴露什么，结果给告到法院去了。开裆裤是咱中华传统啊，法院判立即改正，嘿，这也叫入乡随俗吧。

尽管许多地方不一样，但不管怎么说，既然中国荷兰都重视产后的护理与康复，那就都尽量在家休息吧。大约前三周，我女儿身体明显虚弱，开始还要睡个中午觉，但后来明显好转，还没出月子，居然约了教练，把孩子扔给我们老两口去学车了，一去就是两个小时。他们那儿不用上驾校，考过交规就约车，车都是教练个人的。想学就打电话约。这期间如果米宝饿了，就把存在冰箱里的母乳拿出来热一热，给她喝下。头一次用奶瓶的时候，米宝显然有点不适应，两只眼睛看着我们，但仅仅试了两下，不到半分钟，立即适应，开始吸吮。当然在这之前我们已经带着孩子去坐公交车了。他们的公交车上有一个专门为婴儿车预留的地方，母亲必须坐在旁边扶着婴儿车，这是规定。头一次上车公交车时，司机专门过来进行讲解。我们回国后，女儿一个人推着婴儿车上公交，车上的人会主动帮忙，司机有时不让乘客动，自己来帮助她上车下车。

我这坐月子的女儿干出的事，越来越让人不敢相信，她原来的工作地点较远，想找一个离家近些的工作，于是在这期间投了许多简历，她至少有三次前去公司面试。

而就在她刚出月子不久，去参加了一场荷兰语等级考试，我们全家出动，早晨 7 点离家，坐了汽车换城轨，然后再换城轨，之后走了有两公里，到达时将近 9 点。考场附近有一家咖啡馆，我和妻子带着孩子等着她，跟咖啡馆里的服务员一说，他们爽快答应，而且免费给孩子提供热奶用的水。这场考试分上下午两个阶段。中午时分，女儿出考场，给孩子喂奶，我们也一起吃了午餐，一点半，她又冲进考场，我们继续带着米宝在咖啡馆里等她。服务员几次过来，问要不要热水。在荷兰的许多地方公共场所的卫生间里，设有专门为婴儿换尿布的台板。这个咖啡馆的卫生间里没有，我们只能在店面里给米宝换尿不湿，我们都觉得不好意思给人家添这么大的麻烦。但店方一点都不在意，从我们面前经过时，还会看一眼孩子，表示喜爱。

一个多月后，我们要回北京了。就在收拾好行李后，从中午开始，我的米宝说什么也不睡觉，这之前谁抱都可以，但这会儿就是拉着姥姥的衣服不松手。谁也抱不过去，别人一抱就哭，包括她妈妈。困得她眼睛一闭一闭的，但立即又睁开，嘴里还啊呀的说。眼看不走就误点了，我伸出手，孩子看着我，我跟她说了好多话，那意思姥姥姥爷不是离开你，要去北京给我宝挣钱，只是时间长点。说了有五分钟，我笑着，因为我相信我说的每一句话，米宝忽然间灿烂地一笑，立即睡着了。看来她是相信我的话了。那是这一个多月来，我从没见过的米宝最美的一次笑。这之后，我把她交到她妈妈手里。

女婿送我们到机场，分手的那一瞬间，我已经说不出话来，最后硬忍着说了一句：“爱我的米宝。”

至今，我们和女儿每次视频时，米宝看到我们，都会啊呀几句，而每一次视频之后，据女儿说，米宝都会闹一阵子情绪。

王希泉

2014 年 11 月 30 日于北京

图书在版编目（cip）数据

离开爸妈更强大：留学十年成就自我 /（荷）王淼著. -- 北京：世界知识出版社，2017.12

ISBN 978-7-5012-5658-7

Ⅰ.①离… Ⅱ.①王… Ⅲ.①成功心理—通俗读物 Ⅳ.① B848.4-49

中国版本图书馆 CIP 数据核字 (2017) 第 304144 号

责任编辑　刘豫徽
策划编辑　张　黎
责任出版　王勇刚
责任校对　张　琨

书　　名　离开爸妈更强大：留学十年成就自我
作　　者　王　淼

出版发行　世界知识出版社
地址邮编　北京市东城区干面胡同 51 号 (100010)
网　　址　www.ishizhi.cn
投稿信箱　lyhbbi@163.com
电　　话　010-65265923（发行）010-85119023（邮购）
经　　销　新华书店
印　　刷　艺堂印刷（天津）有限公司
开本印张　880 毫米 x1230 毫米　1/32　8.25 印张
字　　数　180 千字
版次印次　2017 年 12 月第一版　2017 年 12 月第一次印刷
标准书号　ISBN 978-7-5012-5658-7
定　　价　46.00 元